光谱吸收式气体传感器理论研究与系统设计

丛梦龙　著

U0346660

吉林科学技术出版社

图书在版编目（CIP）数据

光谱吸收式气体传感器理论研究与系统设计 ／ 丛梦龙著. -- 长春 ： 吉林科学技术出版社，2023.6
ISBN 978-7-5744-0556-1

Ⅰ．①光… Ⅱ．①丛… Ⅲ．①气敏器件－研究 Ⅳ.①TN389

中国版本图书馆CIP数据核字（2023）第103468号

光谱吸收式气体传感器理论研究与系统设计

著	丛梦龙	
出 版 人	宛 霞	
责任编辑	安雅宁	
封面设计	长春美印图文设计有限公司	
制 版	长春美印图文设计有限公司	
幅面尺寸	170mm×240mm	
开 本	16	
字 数	140 千字	
印 张	8.25	
印 数	1–1500 册	
版 次	2023年6月第1版	
印 次	2024年2月第1次印刷	

出 版 吉林科学技术出版社
发 行 吉林科学技术出版社
地 址 长春市福祉大路5788号
邮 编 130118
发行部电话/传真 0431-81629529 81629530 81629531
81629532 81629533 81629534
储运部电话 0431-86059116
编辑部电话 0431-81629518
印 刷 三河市嵩川印刷有限公司

书 号 ISBN 978-7-5744-0556-1
定 价 51.00元

前　言

　　波长调制光谱技术及其应用的重大突破赋予了便携式二极管激光器传感系统在高温、高压以及超音速气流等苛刻环境下，对气体浓度与温度进行定量分析的能力。与传统的直接吸收光谱技术相比较而言，波长调制光谱技术能够承受更高的噪声水平，并且获得更低的检测下限。因为可调谐二极管激光源具有坚固耐用、结构紧凑、低成本的本质特点，而且其波长容易与水、二氧化碳、氧气等重要气体的吸收谱线重合，在过去的四十五年中，可调谐二极管激光吸收传感已经成为一种用于在燃烧设备中对气体进行非接触式定量分析的成熟技术。

　　作为吸收光谱技术的衍生物，波长调制光谱技术具有比直接吸收测量更高的灵敏度与抗噪声能力，因此被越来越多地运用于苛刻环境条件下的气体测量。然而，需要利用已知气体混合物或已得测量结果进行现场校准这一前提条件成为了波长调制光谱的技术瓶颈，阻碍了该技术的进一步推广。

　　本书是一本关于可调谐二极管激光吸收光谱和波长调制光谱技术有机结合的根本原理及应用研究著作，全面系统地阐述可调谐二极管激光吸收光谱和波长调制光谱技术的理论体系，重点凸显了技术体系中所涉及的光路与电路设计方法。全书内容涵盖了红外吸收光谱的基础理论、波长调制光谱的基础理论、波长调制光谱技术的光路结构设计、硬件电路结构设计、以及为克服波长调制光谱技术所存在的剩余幅度调制现象所做出的光路、电路及信号处理方法的改进。以上内容具体可以分为四章：第一章为导论部分，详细地阐述了电磁波被气体分子选择性吸收的经典理论，针对光谱线形、激光光源和信号处理技术，点明了可调谐二极管激光器–波长调制光谱的发展动态以及国际范围内的标志性研究成果；第二章为可调谐二极管激光器–波长调制光谱技术以及光强波动现象的研究，在该章对可调谐二极管激光吸收光谱与波长调制光谱方法的工作机制进行了深入剖析，并针对此检测体系中所具有的共性难题，即剩余幅度调制效应的外部形态、产生根源和常规的补偿手段开展了讨论；第三章为光路及硬件电路设计，详细地给出了第二章所涉及的光学模块（光纤、光分束器、光隔离器、光准直器及气室等部分的相互衔接）与电学模块（包括光源驱动、温度控制、光探测器偏置及信号处理等电路）的设计；第四章中，给出了两种不同光路和电路结构的检测系统，用于消除光强度调制效应引发的剩余调制现象，并通过实验一一进行验证。在本章的最后，总结了光路与电路的设计结构，以及设计的激光器驱动与温度控制电路的主要特点，展望了未来的研究目标和主要内容。

目　录

第一章 导 论

1.1 引 言

不断增加的燃料成本[1]和政府针对燃烧系统出台的各项规定持续推动着能量转换效率[2]更高的燃烧装置[3]的研发。随着燃烧技术的逐步成熟,进一步提高燃烧效率[4]显得愈加困难,而理想地位于装置的反应区附近的燃烧诊断,对于评估各种不同设计结构的设备之间的微小燃烧效率差别,显得十分必要。除此之外,利用传感器反馈信号进行主动控制,改变系统的静态工作点和燃料流比例,对保持系统的最佳燃烧效率具有至关重要的意义。因为二氧化碳和水蒸汽是燃烧的主要产物,在一个反应体系中对它们进行测量能够最准确、最直接地反映出该体系中所发生的燃烧过程[5]的质量。由于温度在反应混合气的燃烧性质、反应速率以及污染物成分中扮演着重要角色,因此测量温度也具有重大意义。

在过去的四五十年中,可调谐二极管激光吸收光谱[6]已经逐步成长为一种在现实、严酷环境下测量气体参数的稳健、方便的方法。从激光器中射出的光通过气态测试样品之后,被探测器接收,通过目标吸收样本的吸收光谱模型,被气态测试样品吸收的光能够与气体温度、压力、样本浓度以及流速联系起来。

对于具有离散光谱吸收特征的目标物种(例如小分子和原子),吸收现象在一个小光谱窗口范围内(几个波数)高度依赖于光源的发射波长,可以对激光波长进行正弦调制,而非均匀的吸收引起了探测器信号中的谐波分量,其频率是原始正弦调制频率的倍数。这些谐波分量可以采用锁相放大器[7]进行提取,滤除探测器信号中谐波之外的分量,从而大幅度降低激光器噪声[8]与电子噪声。然后,这些谐波分量可以与目标样本的光谱吸收模型相关联来推断待测气体性质,进而获得远高于直接吸收光谱的检测灵敏度[9]。

调制光谱可以分为两类:一种是调制频率(100 MHz 到几GHz范围)远大于

待测光谱线型半宽度的频率调制光谱[10]，另一种是调制频率（KHz 到几MHz范围）远小于待测光谱线型的光频率半宽度的波长调制光谱[11]。Silver和Bomse等人合著的文章[12]中对以上两种技术进行了非常全面的回顾与对比，它们发现高频波长调制光谱（调制频率高于100KHz）可以得到极好的检测灵敏度，而且不像频率调制光谱技术那样需要响应速度极快的检测电路，这减轻了系统设计的硬件负担。对于实用的、现场可部署的系统而言，这是一个重要的考虑因素，因此成为了本文所关注的问题之一。

认识到波长调制光谱在高灵敏度测量领域的能力，许多研究人员已经将这项技术应用于那些直接吸收光谱技术无法实现的困难环境中的气体测量。在高压煤粉燃烧器、地面试验超燃冲压发动机以及各种各样的痕量气体条件下的测量，仅仅是少数几个应用波长调制光谱技术的例子。手持式甲烷泄漏探测器和在微重力下降塔中的测量是便携式波长调制光谱系统应用的极好例子，其中传感器硬件本身也是紧凑、坚固且耐用的，并且能够在困难的环境中工作。传统波长调制光谱在应用于实际环境中测量温度和气体浓度时，其关键缺陷之一便是需要利用已知浓度混合气和实验条件进行校准（或者直接测量得到的结果），进而还原出绝对的气体浓度与温度值。对于大多数真实世界的检测环境和可部署于现场的传感器而言，这种校准通常是困难、不切实际的，并且可能涉及到额外的设备，进一步使传感器系统复杂化。

一些研究人员已经提出了"免校准"[13]的波长调制光谱实现方案。在本书中，我们将这种"免校准"定义为一种能够实现气体温度与浓度信息的绝对测量，且无需进行现场校准，也无需利用已知浓度混合物、检测环境条件进行结果比对的检测方法。必须立即指出的是，"免校准"波长调制光谱同大多数基于吸收的测量方法一样，仍然需要获得检测所用激光器的工作特性和某些光谱参数（例如目标吸收谱线的强度和压力展宽）。许多已经提出的"免校准"波长调制光谱方法对某些情况而言是适用的：例如环境条件已知且稳定、目标吸收谱线与其他吸收谱线完全分离且激光光源的发射波长可以扫描覆盖整个目标吸收谱线，进而可以利用两侧的非吸收区域对入射光强信号进行归一化处理。在大多数环境条件未知情形，或注入光强由于振动、光学窗口污染、光束换向等快速变化，或混合气体中存在待测样本的干扰气，或高压环境下由于压力展宽使邻近吸收谱线混合并与激光器波长扫描范围重叠……这些"免校准"方案的实现变得异常困难。

本书中针对波长调制光谱技术中存在的校准和剩余幅度调制问题，提出了两种解决方案：方案一将波长调制光谱、对数变换及差分检测方法相结合，在24.5 cm的有效吸收路径长度、296 K的环境温度和1.01×10^5 Pa的总压强条件下，对氮气稀释的氨气浓度进行了测量，得到了0.7 ppm 的理论检测下限[14]。这种复合型的策略消除了剩余幅度调制效应和谐波波形畸变现象对检测结果造成的影响，简化了波长调制系数最优值的设定与确认过程，并且提高了检测灵敏度、扩大了测量的动态范围。与利用一次谐波对二次谐波进行归一化处理的WMS-2f /1f[15]检测方法相比，Log-WMS-2f的数学模型与激光器强度调制参数无关，且峰值正比于气体浓度，有利于后续的信号处理过程。需要特别指出的是，尽管本文也采用了双通道结构，但实际的检测结果与两条通道增益的差异无关，因此对双光路的平衡性要求不高，易于实现；方案二在可调谐二极管激光吸收光谱技术的基础上，引入了异步双光路结构和平衡放大式光电探测器[16]，而探测器的输出信号等价于波长调制光谱中的一次谐波。在14.5 cm的有效吸收路径长度、296 K的环境温度和1.01×10^5 Pa的总压强条件下，对氨气-氮气混合物中的氨气进行了浓度测量实验。实验结果表明，探测器输出的差分信号正比于气体浓度值。假设探测器输出信号峰值强度衰减到与噪声相等，推导得出的理论检测下限为6.4 ppm。与波长调制光谱技术中的一次谐波检测相比，本方案不需要主动调制激光器注入电流，因而避免了RAM[17]对结果的影响。虽然没有通过选频放大等方式对 1/f噪声进行抑制，但是由于消除了RAM信号，因此可以设置更高的光电检测增益来充分放大弱吸收信号，以此补偿系统的SNR。此外，本方法使用的平衡放大式光电探测器与波长调制光谱法中的锁相放大器相比，成本更低，可操作性更好。需要特别注意的一点是，此次提出的双光路结构的光束分离过程在光经过气体样本吸收后被执行，即在主光路和参考光路上传输的光电流信号来自同一个气室，并且被高度匹配的两个光敏二极管接收，再被差动放大，这在很大程度上抑制了共模噪声。

1.2　分子对电磁波的吸收理论

红外气体分析仪的实质是利用特定的气体分子对特定的红外光谱会产生选择性吸收这一特点，把光通过气体后的衰减量和气体浓度联系起来，进而把浓度信号先转变为光信号，再转变为电信号，从而便于后续的数据处理过程。下面我们首先从量子力学角度出发，对分子的能量状态以及分子与电磁波的作用方式进行详细阐述，在此基础上，进一步对吸收光谱学领域的核心方程——比尔朗伯方程进行讨论，并对不同温度与不同压强情况下谱线线形以及半宽度等细节问题进行研究。

1.2.1 量子力学的相关理论

从量子力学第一定律的角度出发，一个密闭系统，即一个孤立的与外界无相互作用的系统，它的量子力学状态完全由波函数 $\psi(\vec{r})$ 确定，而波函数则依赖于粒子在系统中的坐标。在经典力学中，系统在特定时刻的状态是由单个粒子当时所处的位置以及粒子速度（或动量）决定的。基于量子力学第一定律，我们可以得到波函数的一个重要性质如下：粒子处于位置处 $\vec{r}$ 体积元 $dxdydz$ 之内的概率为 $\psi(\vec{r})\psi^*(\vec{r})dxdydz$ ，而 $\psi^*(\vec{r})$ 则为 $\psi(\vec{r})$ 的复共轭。根据量子力学的第二定律[18]，经典力学中的每一个可观测量（即一个诸如能量、动量等可测量的变化量），在量子力学中都有与其对应的线性算子。举例来说，量子力学中关于能量的算子，即哈密顿算子 $\widehat{H}$ ，被定义为：

$$
\begin{aligned}
\widehat{H} &\equiv -\frac{h^2}{2m}\left(\frac{\partial^2}{\partial x^2}+\frac{\partial^2}{\partial y^2}+\frac{\partial^2}{\partial z^2}\right)+V(x,y,z) \\
&\equiv -\frac{\hbar^2}{2m}\nabla^2+V(x,y,z)
\end{aligned}
\tag{1.1}
$$

这里，字母 m 为粒子质量， $\hbar = h/2\pi$ ， h 代表普朗克常量， $V(x, y, z)$ 是处于系统中的粒子所具有的势能。根据量子力学的第三定律，在任何与算子 $\widehat{A}$ 有关的可观察量的测量过程中，我们唯一能够获得的是满足如下方程的特征根 a_n ：

$$
\widehat{A}\psi_n = a_n\psi_n
\tag{1.2}
$$

而与公式（1.2）同理，对于质量为 m ，势能 $V(x, y, z)$ 的粒子，它的唯一能够被测量的能量为方程（1.3）的特征根，如下所示：

$$
\widehat{H}\psi = E\psi
\tag{1.3}
$$

将公式（1.1）代入到公式（1.3）中，可以得到：

$$
-\frac{\hbar^2}{2m}\nabla^2\psi+V(x,y,z)\psi = E\psi
\tag{1.4}
$$

方程（1.4）是时间无关薛定谔方程[19]，此方程的特征根 E_n ，是我们可以唯一可能通过实验测量到的能量。如果可以把哈密顿算子写作若干个相互独立的项目之和的形式，则总的波函数为各个子波函数的乘积，而总能量则是各单项能量的总和。此外，根据量子力学的第四定律，如果以波函数$\psi\left(\vec{r}\right)$来描述一个系统的状态，则对应于算子$\widehat{A}$的可观测到的能量的平均值可以写为公式（1.5）所示的形式：

$$\langle a\rangle = \int \psi^* \widehat{A}\psi\,dxdydz \qquad (1.5)$$

量子力学的第五定律描述了系统的波函数随时间的变化，根据第五定律，一个系统的波函数，也即状态函数，其随时间的变化满足时间相关薛定谔方程，如（1.6）所示：

$$\widehat{H}\psi\left(\vec{r},t\right) = i\hbar\frac{\partial\psi\left(\vec{r},t\right)}{\partial t} \qquad (1.6)$$

若哈密顿算子$\widehat{H}$与时间无关，我们可以将波函数$\psi\left(\vec{r},t\right)$写作如下的形式：

$$\psi\left(\vec{r},t\right) = \psi\left(\vec{r}\right)f\left(t\right) \qquad (1.7)$$

在这里，$\psi\left(\vec{r}\right)$是空间的波函数，它可以通过解方程（1.4）得到。通过如公式（1.7）那样的变量分离过程，我们可以直接计算$f\left(t\right)$，并将公式（1.7）改写为：

$$\psi\left(\vec{r},t\right) = \psi\left(\vec{r}\right)e^{-jEt/\hbar} \qquad (1.8)$$

需要特别强调的是，公式（1.4）只对在封闭的、静止的系统有效，换言之，即哈密顿算子$\widehat{H}$与时间无关。时间无关薛定谔方程，即方程（1.4）可以用来计算原子、分子在封闭系统内的稳定状态；方程（1.6）则可以用于研究系统与外界环境的能量交换。举例来说，我们可以用方程（1.6）来研究分子与外部电磁场之间的相互作用问题。

1.2.2 分子的稳定能态

正如前面所提到的，由时间无关薛定谔方程可以得到一个密闭系统的稳定能态。对于几何尺寸、势能、边界条件已知的系统，时间无关薛定谔方程（1.4）在理论上可求解，它的解将是一系列对应于能量值E_n的特征根ψ_n。基于量子力学的第三定律，此密闭系统唯一可测量的能量是E_n。通过量子力学的第四定律，我们也可以证明能量E_n的变化量是零，即表明唯一可测量的能量值只有E_n。接下来，将对一些重要系统中分子光谱能级水平[20]E_n做出说明。

1.2.2.1　平动状态

　　假设一个质量为m的分子（或者其他粒子），处于一个边界尺寸为a的刚性立方体容器中（如图1.1），则利用公式（1.4）可以求解它的跃迁能量状态$E_{n_x n_y n_z}$、以及状态函数$\Psi_{n_x n_y n_z}$，如公式（1.9）和公式（1.10），其中$E_{n_x n_y n_z}$和$\Psi_{n_x n_y n_z}$分别是方程（1.4）的特征根与特征函数。

$$E_{n_x n_y n_z} = \frac{h^2}{8ma^2}(n_x^2 + n_y^2 + n_z^2) \tag{1.9}$$

$$\Psi_{n_x n_y n_z} = (8/a^3)^{1/2} \sin\frac{n_x \pi x}{a} \sin\frac{n_y \pi y}{a} \sin\frac{n_z \pi z}{a} \tag{1.10}$$

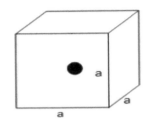

图1.1　处于立方体密闭空间中的粒子

　　根据方程（1.9）和方程（1.10），对应分子所有可能的跃迁能态[21]，图1.2列出了n_x、n_y和n_z的全部组合。对于每一组n_x、n_y和n_z，都有与其对应的决定立方体中分子跃迁状态的波函数(n_x, n_y, n_z)。具有相等能量的不同状态（或不同的状态函数）被称之为简并态。

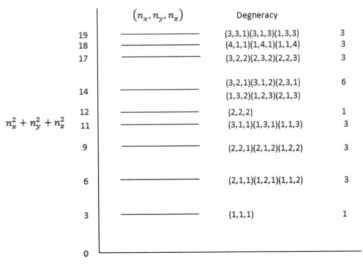

图1.2　处于密闭空间中粒子的平动状态

1.2.2.2　电子状态

一、原子的电子状态

一个分子的电子状态是以组成分子的原子的电子状态为基础的，因此，作为讨论分子电子状态的铺垫，我们将首先对原子的电子状态进行讨论。对于一个原子，假设其原子核是固定的（动能为零），核内的质子个数为Z，外围围绕核子运动的电子个数也为Z。利用时间无关薛定谔方程，我们可以得到原子的能量如公式（1.11）所示。

$$\left(-\frac{\hbar^2}{2m_e}\nabla_1^2-\frac{\hbar^2}{2m_e}\nabla_2^2-...-\frac{\hbar^2}{2m_e}\nabla_z^2\right)\psi\left(\vec{r_1},\vec{r_2},...,\vec{r_z}\right)$$

$$+\left(-\frac{z_e^2}{4\pi\xi_0\vec{r_1}}-\frac{z_e^2}{4\pi\xi_0\vec{r_2}}-...-\frac{z_e^2}{4\pi\xi_0\vec{r_z}}\right)\psi\left(\vec{r_1},\vec{r_2},...,\vec{r_z}\right)$$

$$+[G_1\left(\vec{r_1},\vec{r_2},...,\vec{r_z}\right)+G_2\left(\vec{r_1},\vec{r_2},...,\vec{r_z}\right)+...+G_z\left(\vec{r_1},\vec{r_2},...,\vec{r_z}\right)]$$

$$\times\psi\left(\vec{r_1},\vec{r_2},...,\vec{r_z}\right)=E\psi\left(\vec{r_1},\vec{r_2},...,\vec{r_z}\right) \quad\quad （1.11）$$

在方程（1.11）中，对于电子j，m_e为电子质量，∇_j^2为对应电子坐标位置的拉普拉斯算子。$z_e^2/4\pi\xi_0\vec{r_j}$代表电子相对于原子核的势能，$G_1\left(\vec{r_1},\vec{r_2},...,\vec{r_z}\right)$为电子$j$由于在位置$\vec{r_1}$失去1个电子、在位置$\vec{r_2}$失去2个电子......在位置$\vec{r_z}$失去$z$个电子产生的势能（电子间互斥）。通过求解方程（1.11），寻找特征根，可以得到原子所有可能的电子能态。只有对于烃类原子（原子核内质子数z，核外轨道上有1个电子），方程（1.11）才能取得解析解。然而，如果忽略核外电子之间的互斥作用，则方程（1.11）可以简化为：

$$\psi\left(\vec{r_1},\vec{r_2},...,\vec{r_z}\right)=\psi\left(\vec{r_1}\right)\psi\left(\vec{r_2}\right)...\psi\left(\vec{r_z}\right) \quad\quad （1.12）$$

这里，$\psi\left(\vec{r_j}\right)$是氢类原子中电子 j 的波函数。实际上，$\psi\left(\vec{r_j}\right)$是对应于方程（1.13）的特征函数。

$$-\frac{\hbar^2}{2m_e}\nabla_j^2\psi\left(\vec{r_j}\right)+\frac{z_e^2}{4\pi\xi_0\vec{r_j}}\psi\left(\vec{r_j}\right)=E_j\psi\left(\vec{r_j}\right) \quad\quad （1.13）$$

通过求解方程（1.13），可以得到烃类原子中单个电子的所有可能状态的能量状态与波函数。与方程（1.11）不同，方程（1.13）存在解析解，它的特征函数决定了烃类原子中电子的状态函数（波函数），而特征函数本身依赖于三个不同量子的量子数（与那些刚性立方体内粒子的量子数类似）。这三个量子数分别是主量子数n，角量子数l，磁量子数m_l。对于某一特定能量状态，电子的状态函数完全由量子数决定，可以通过对方程（1.13）进行求解得到量子数的具体值，如（1.14）。

$$n = 1, 2, \ldots$$
$$l = 0, 1, 2, \ldots, n-1$$
$$m_l = -l, -l+1, \ldots, 0, 1, \ldots, l$$

（1.14）

这里，n代表电子围绕原子核运动的轨道。如果以L表示轨道的角动量，则L与l的关系如公式（1.15）。

$$L = \hbar\sqrt{l(l+1)}$$

（1.15）

其中，L的第z个分量可以通过方程（1.16）进行计算。

$$L_z = m_l \hbar$$

（1.16）

z是电场的轴线方向。通过求解方程（1.13），可以得到烃类原子中电子所具有的能量表达式如公式（1.17）所示：

$$E = -\frac{z^2 m_e e^4}{32\pi^2 \xi_0^2 \hbar^2 n}$$

（1.17）

从上式可知，烃类原子中电子所具有的能量，只取决于主量子数n，这即意味着所有具有相同主量子数n，不同角量子数l和不同磁量子数m_l的所有状态都可以进行简并。简单地说，方程（1.13）的求解给我们提供了烃类原子中电子性质的重要信息，说明当电子被限制在原子内部时，它的能量与角动量都是唯一确定的。换个角度来说，电子的能量和角动量是量子化的，电子角动量的方向也是量子化的。方程（1.17）与烃类原子相关实验的结果非常吻合，对于具有多个电子的原子，如果忽略电子间的相互排斥作用，即$G_1(\vec{r_1}, \vec{r_2}, \ldots, \vec{r_z})$项，我们就可以利用方程（1.11）对每一个电子的波函数$\psi(\vec{r_j})$与能量状E_j逐一进行计算。这样，可以得到包含多个电子的原子中每个电子的能量状态，从而进一步得到此原子所有电子的总能量状态，如公式（1.18）所示。

$$E = \sum_{j=1}^{z} E_j \qquad (1.18)$$

然而，实际的实验结果与公式（1.18）计算得到的结果有很大出入。例如，利用公式（1.18）计算得到的氦原子中电子的基态能量（$n=1$）要比实际实验的值高出38%左右，这表明方程（1.11）中的电子间相互作用项 $G_1(\vec{r_1},\vec{r_2},...,\vec{r_z})$ 在总势能中占很大的比重，不能被忽略，进而意味着方程（1.12）给出的状态函数对于包含多个电子的原子是不适用的。因此，为了对方程（1.11）求解，我们必须借助于近似的办法。目前有许多不同的近似方法（例如扰动理论与变分法等）已经被应用。

尽管薛定谔方程对大部分实验结果的预测和解释都非常成功，但仍然有一小部分实验的现象无法解释，诸如钠原子光谱中的双峰黄线现象。在这方面，除了利用求解方程（1.11）得到烃类原子的三个量子数之外，Goudsmit与Uhlenbeck提出了一种新的观点，他们认为电子的运动方式类似于一个旋转的陀螺，它自身具有一个自旋角动量。这种电子的角动量被量子化（"上"或"下"）为两个值：$\pm\frac{1}{2}\hbar$，并且激发出了第四个量子数 m_s，它被称为自旋量子数，对于每个电子来说，自旋量子数的值只能是1/2或–1/2。因此，可以利用自旋量子数 m_s 和公式（1.19）计算自旋角动量的 z 分量 S_z。

$$S_z = m_s\hbar \qquad (1.19)$$

所以，参照轨道角动量的表达式，我们可以将自旋角动量 S 写为如下形式：

$$S = \sqrt{s(s+1)} = \frac{\sqrt{3}}{2}\hbar, \quad s = \frac{1}{2} \qquad (1.20)$$

关于轨道的角动量与自旋角动量的各个分量可以参照图1.3与图1.4。

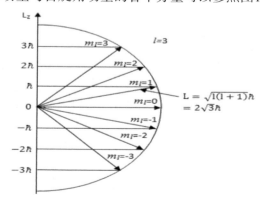

图1.3 沿电场方向的轨道角动量的z分量

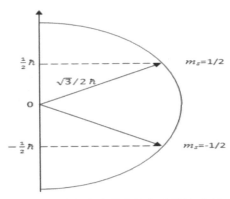

图1.4 沿电场方向的自旋角动量的z分量

基于自旋角动量，单个电子的波函数还包含了自旋函数，而且可以推断出单个电子的波函数的空间部分与自旋部分是相互独立的，所以波函数的表达式可以写为（1.21）或（1.22）的形式。

$$\psi\left(\vec{r},\sigma\right)=\psi\left(\vec{r}\right)\alpha\left(\sigma\right) \tag{1.21}$$

$$\psi\left(\vec{r},\sigma\right)=\psi\left(\vec{r}\right)\beta\left(\sigma\right) \tag{1.22}$$

在这里，σ 是自旋变量，$\alpha\left(\sigma\right)$ 和 $\beta\left(\sigma\right)$ 是分别对应 $m_s=1/2$ 和 $m_s=-1/2$ 的自旋特征函数。单个电子的波函数的空间形式与完整形式，即 $\psi\left(\vec{r}\right)$ 与 $\psi\left(\vec{r},\sigma\right)$，分别被叫做轨道波函数与自旋轨道波函数。正如前面提到的，原子中每个电子的自旋轨道波函数依赖于 n、l、m_l 和 m_s 这四个量子数。基于保利不相容原理，在一个原子中不可能存在两个具有相同 n、l、m_l 和 m_s 的电子。利用这个推断以及原子中的电子难以分辨的实际情况，内部电子数为 N 的原子的波函数一般可以写作诸如公式（1.23）的形式。

$$\psi\left(1,2,...,N\right)=\frac{1}{\sqrt{N!}}\begin{vmatrix} \varphi_1(1) & \varphi_2(1) & ... & \varphi_N(1) \\ \varphi_1(2) & \varphi_2(2) & ... & \varphi_N(2) \\ ... & ... & ... & ... \\ \varphi_1(N) & \varphi_2(N) & ... & \varphi_N(N) \end{vmatrix} \tag{1.23}$$

在方程（1.23）中，右边行列式中 φ_i 的下脚标 i 代表不同的自旋轨道，φ_i 取决于 n、l、m_l 和 m_s 这四个量子数以及电子间相互作用力。因此，对于原子中的每个电子，它的波函数都可以写为前面提到的四个量子数的函数。

$$\varphi_I=\varphi\left(n_i,l_i,m_{l_i},m_{s_i},\alpha_{1_i},\alpha_{2_i},...,\alpha_{p_i}\right) \tag{1.24}$$

在公式（1.24）中，参数 $\alpha_1, \alpha_2, ..., \alpha_{p_i}$ 被用来说明对我们所要研究的电子造成影响的其他电子产生的电子间相互作用力。考虑到每个电子所受到的电子间相互作用力，轨道能量 ξ_i 可以写为：

$$\widehat{F_j}\varphi_i = \xi_i\varphi_i \qquad (1.25)$$

在方程（1.25）中，$\widehat{F_j}$ 为能量算子，它包括了所有因其他电子而产生的电子间相互作用力，当 φ_1，φ_2……φ_{i-1}，φ_{i+1}……φ_N 已知时，则 $\widehat{F_j}$ 可求。利用试错法（或称之为自相容实验法），自旋轨道 φ_i（或原子轨道 ψ_i）以及轨道能量 ξ_i 可以通过方程（1.26）被联系起来：

$$\varphi_i = \psi_i\alpha(\sigma), \quad \left(m_s = \frac{1}{2}\right)$$
$$\varphi_i = \psi_i\beta(\sigma), \quad \left(m_s = -\frac{1}{2}\right) \qquad (1.26)$$

简单地说，从方程（1.23）我们可以看到，对于一个具有N个电子的原子，内部的每个电子都会取得一组由方程（1.14）和方程（1.19）给出的量子数，根据特定的量子数配置，原子将具有特定的波函数（即状态函数），故对应特定的量子数，其电子的能量状态（电子状态）也是确定的。以氢原子为例，它内部的电子能量状态如表1.1所示。

表1.1　氢原子的电子能量

电子配置	项目标号	能量值：cm^{-1}
$1s$	$1s^2S_{1/2}$	0.00
$2p$	$2p^2P_{1/2}$	82 258.917
$2s$	$2s^2S_{1/2}$	82 258.942
$2p$	$2p^2P_{3/2}$	82 259.272
$3p$	$3p^2P_{1/2}$	97 492.198
$3s$	$3s^2S_{1/2}$	97 492.208
$3p$，$3d$	$3p^2P_{3/2}$，$3d^2D_{3/2}$	97 492.306
$3d$	$3d^2D_{5/2}$	97 492.342
$4p$	$4p^2P_{1/2}$	102 823.835
$4s$	$4s^2S_{1/2}$	102 823.839
$4p$，$4d$	$4p^2P_{3/2}$，$4d^2D_{3/2}$	102 823.881
$4d$，$4f$	$4d^2D_{5/2}$，$4f^2F_{5/2}$	102 823.896
$4f$	$4f^2F_{5/2}$	102 823.904

二、分子的电子状态

我们可以利用前面的为阐述原子能量状态而建立的一系列概念，来对分子的能量状态进行说明。对于一个具有 N 个电子（N 为偶数）闭合壳层分子，它的波函数可以记录为：

$$\psi(1,2,...,N) =$$

$$\frac{1}{\sqrt{N!}} \begin{vmatrix} \phi_1(1)\alpha(1) & \phi_2(1)\beta(1) & ... & \phi_{N/2}(1)\beta(1) \\ \phi_1(2)\alpha(2) & \phi_2(2)\beta(2) & ... & \phi_{N/2}(2)\beta(2) \\ ... & ... & ... & ... \\ \phi_1(N)\alpha(N) & \phi_2(N)\beta(N) & ... & \phi_{N/2}(N)\beta(N) \end{vmatrix} \quad (1.27)$$

行列式中的各项为单电子分子自旋轨道 φ_i 与自旋函数 α、β 的乘积。与原子自旋轨道 φ_i 类似，分子自旋轨道 φ_i 决定了分子周围电子的空间概率密度。通常，分子轨道可以由原子轨道的线性组合来表示，如方程（1.28）所示。

$$\phi_i = \sum_{j=1}^{M} c_{ji}\varphi_j \quad (1.28)$$

在这里，M 是构成分子轨道的原子轨道数，对于每一个原子，它的轨道可以通过上一节提到的步骤来计算。再一次利用试错法，可以得到常数项 c_{ji}，进而由公式（1.28）计算得到分子轨道 φ_i。需要强调的是，每个分子都包含有许多个原子，根据分子中原子的间距以及公式（1.28），很明显分子轨道 ϕi 也是原子间距的函数。得知每一套分子轨道 ϕ_1、ϕ_2……$\phi_{N/2}$，则分子的电子状态可以确定，因此，多原子分子的电子状态也依赖于它内部的原子间距离。

为了更加清楚地对问题进行阐述，我们在众多的多原子分子中选择结构最为简单的 H_2^+ 的分子轨道为研究对象。通常，在分子中，原子核的运动可以被忽略不计。将这种忽略应用在我们所要分析的 H_2^+ 模型上，则此系统（单电子分子 H_2^+，如图1.5）的时间无关薛定谔方程可以写为：

$$-\frac{\hbar^2}{2m_e}\nabla^2\psi + \left(-\frac{e^2}{4\pi\xi_0 r_{1A}} - \frac{e^2}{4\pi\xi_0 r_{1B}} + \frac{e^2}{4\pi\xi_0 R}\right) = E\psi \quad (1.29)$$

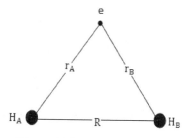

图1.5 单电子分子 H_2^+ 的结构

从方程（1.29）可以清楚地看到，对于每个状态 j，分子轨道 ψ_j、能量 E_j、以及方程（1.29）的特征方程与特征根都依赖于原子间距 R。在特定的电子状态下，原子之间的相互核子间距可以使分子具有最小能量，我们把这个核子间距称为键长。以基态下的 H_2^+ 为例，其能量 E 与核子间距 R 的关系如图1.6所示。和原子一样，分子也有很多不同的电子状态，通过对方程（1.28）求解可以得到这些电子状态。

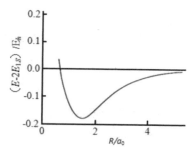

图1.6 基态电子的能量与核子间距的关系

1.2.2.3 旋转状态

首先讨论比较简单的双原子分子的转动状态，讨论之后，可以很容易地将结果扩展到多原子分子，进而便于我们更好地了解一般分子的转动状态。

一. 双原子分子的转动状态

假设一个双原子分子中两个原子的质量分别是 m_1 和 m_2，它们与质心距离分别是 r_1 和 r_2，分子的键长为 r，绕质心旋转的角速度为 ω，如图1.7所示。对于这样的刚性系统，总动能为：

$$K = \frac{1}{2}\left(m_1 v_1^2 + m_2 v_2^2\right) = \frac{1}{2}\left(m_1 r_1^2 + m_2 r_2^2\right)\omega^2 = \frac{1}{2}I\omega^2 \qquad （1.30）$$

上式中的 I 被定义为转动惯量，其展开式为：

$$I = m_1 r_1^2 + m_2 r_2^2 \qquad （1.31）$$

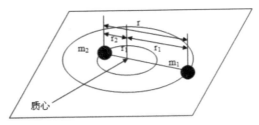

图1.7　两个质子围绕它们的质心的旋转

这样的双质子系统可以转化为一个单质子系统，在单质子系统中，转子的有效质量记作μ，它围绕一个固定的中心旋转，转动半径为r，从而使双质子系统的分析过程得到了简化，简化后如图1.8所示。

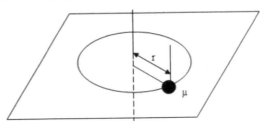

图1.8　单个质子围绕一固定点的旋转

在新的经过简化的单体系统中，转动惯量被改写为：

$$I = \mu r^2 \tag{1.32}$$

在公式（1.32）中，μ是等效质量，被定义为：

$$\mu = \frac{m_1 m_2}{m_1 + m_2} \tag{1.33}$$

这种模型被称为分子系统的刚性转子模型。对于上面提到的单体系统，利用时间无关薛定谔方程，得到分子的总转动动能表达式如下：

$$E_J = \frac{\hbar^2}{2I} J(J+1) \tag{1.34}$$

方程（1.34）说明，一个具有固定键长r的双原子分子，其能量是一系列离散的值。此外，基于对此系统的薛定谔方程求解，这些离散的能级的简并度g_J可以写作：

$$g_J = 2J + 1 \tag{1.35}$$

一般情况下，分子光谱中能量的单位是cm^{-1}，它与常用单位Joules（焦耳）的换算如公式（1.36）所示：

$$E\left(\mathrm{cm}^{-1}\right)=\frac{E\left(\mathrm{Joules}\right)}{hc} \tag{1.36}$$

将公式（1.33）代入（1.31），则分子的总转动动能（单位为cm^{-1}）可以改写为：

$$E_J=\frac{\hbar^2}{2Ihc}J\left(J+1\right)=\frac{\hbar}{8\pi^2cI}J\left(J+1\right) \qquad J=0,1,2,\ldots \tag{1.37}$$

需要指出的是，只有当键长r是常数时，方程（1.37）才有效。结果表明，分子转动越快（即J变大），由于离心力的作用，键长r也会稍微变大。如果利用微扰理论对键长的微变量进行处理，则转动动能公式变形为公式（1.38）的形式。这里，$\widetilde{B}$与$\widetilde{D}$（离心变形常数）可以通过将实验结果与方程（1.38）拟合得到。

$$E_J=\widetilde{B}J\left(J+1\right)-\widetilde{D}J^2\left(J+1\right)^2=\frac{\hbar}{8\pi^2cI}J\left(J+1\right) \qquad J=0,1,2,\ldots \tag{1.38}$$

二、多原子分子的转动状态

为简单起见，我们首先假设多原子分子为内部具有N个原子的刚性网格结构。对于这样的系统，以及任意选定的直角坐标轴，转动惯量I_{xx}、I_{yy}和I_{zz}可以被定义为：

$$I_{xx}=\sum_{j=1}^{N}m_j\left[\left(y_j-y_{cm}\right)^2+\left(z_j-z_{cm}\right)^2\right]$$

$$I_{yy}=\sum_{j=1}^{N}m_j\left[\left(x_j-x_{cm}\right)^2+\left(z_j-z_{cm}\right)^2\right] \tag{1.39}$$

$$I_{zz}=\sum_{j=1}^{N}m_j\left[\left(x_j-x_{cm}\right)^2+\left(y_j-y_{cm}\right)^2\right]$$

上式中，m_j是位于$\left(x_j,\ y_j,\ z_j\right)$处原子的质量，$x_j$、$y_j$、$z_j$为该多原子分子质量中心的坐标。同样，对于此系统的惯性积I_{xy}、I_{yz}和I_{xz}有如下的定义：

$$I_{xy}=\sum_{j=1}^{N}m_j\left(y_j-y_{cm}\right)\left(y_j-y_{cm}\right)$$

$$I_{yz}=\sum_{j=1}^{N}m_j\left(y_j-y_{cm}\right)\left(z_j-z_{cm}\right) \tag{1.40}$$

$$I_{zx}=\sum_{j=1}^{N}m_j\left(x_j-x_{cm}\right)\left(z_j-z_{cm}\right)$$

有理论提出，对于这样的系统，通常会有一组特殊的直角坐标轴X、Y、Z，又称之为主轴。主轴的原点即为系统的质心，这样的系统的惯性积为零，而这样的对应主轴的转动惯量则被定义为主转动惯量。系统的主转动惯量通常表示为I_A、I_B、I_C，而且它们满足条件$I_A \leq I_B \leq I_C$。分子的主轴由于具有一定程度上的对称性，因而更加容易被定位。一般来讲，对于多原子分子，能找到的具有对称性的轴，就是它的主轴。主转动惯量通常以转动常数的形式来表示，单位为cm^{-1}，如公式（1.41）。由于转动惯量满足$I_A \leq I_B \leq I_C$，因而转动常数满足$\widetilde{C} \leq \widetilde{B} \leq \widetilde{A}$。

$$\widetilde{A} = \frac{h}{8\pi^2 c I_A}$$

$$\widetilde{B} = \frac{h}{8\pi^2 c I_B}$$

$$\widetilde{C} = \frac{h}{8\pi^2 c I_C}$$

（1.41）

大体上，一个刚性多原子分子的性质取决于它的三个转动惯量，即I_A、I_B和I_C。如果这三个量相等，则该分子就是球形陀螺分子；如果三个量中有两个相等，则称为对称陀螺分子；如果三个量互不相等，则该分子就是非对称陀螺分子。举例来说，CH_4和SF_6是球形陀螺分子；NH_3和C_6H_6是对称陀螺分子；H_2O是非对称陀螺分子。对于球形陀螺分子和对称陀螺分子，它们的转动能量状态可以通过时间无关薛定谔方程得到解析解；然而，对于非对称陀螺分子，它们的转动能量状态非常复杂，无法获得解析解。对于一个球形陀螺分子（$\widetilde{A} = \widetilde{B} = \widetilde{C}$），其转动能量状态和双原子分子的一样可以通过求解方程（1.37）获得。

多原子分子的刚性通常较双原子分子要差一些，因而其离心畸变效应显得更为明显。为此，对于多原子分子，其转动能量状态中由于离心力产生的畸变效应可以用微扰理论进行处理。同样，对于球形陀螺分子和对称陀螺分子，其包含离心畸变效应在内的转动能量状态具有解析解。例如，一个球形陀螺分子的转动能量状态可以用方程（1.38）描述，这与对双原子分子转动能量状态的描述再次完全吻合。

1.2.2.4 振动状态

除了平移、电子以及转动能量状态，分子还具有振动能量状态。同前面对分子转动能量状态的研究类似，这里首先对最简单的双原子分子的振动能量状态进行讨论，然而再将结果推广到一般的多原子分子的研究中。

一、双原子分子的振动状态

这里我们将要考虑双原子分子的"简谐振动"模型，双原子分子中两个原子的质量分别是m_1和m_2，横坐标分别是x_1和x_2，如图1.9所示。

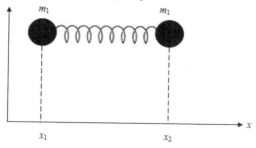

图1.9　一个用于描述双原子分子振动行为的简谐振动模型

该简谐振动模型的基本属性是两个原子之间的相互作用力正比于它们当前时刻的距离与处于平衡位置时的距离之差，即$F=k\Delta x$，如同一个简单的弹簧系统。这样，原子的运动方程就可以写为：

$$m_1\frac{d^2x_1}{dt^2}=k\left(x_2-x_1-r\right)$$

$$m_2\frac{d^2x_2}{dt^2}=-k\left(x_2-x_1-r\right)$$

（1.42）

由于在谐振子模型中的两个原子运动只依赖于原子之间的相对距离x_1-x_2，因此我们可以将上述双体系统变形为单体系统，从而便于分析，如图1.10。此时，方程（1.42）改写为方程（1.43），这里μ是等效质量，其定义如下所示：

$$\mu\frac{d^2x}{dt^2}+kx=0$$

（1.43）

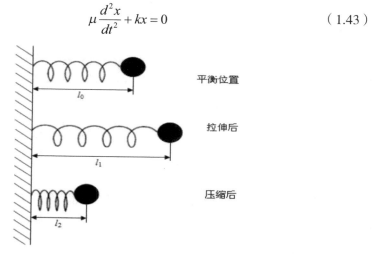

图1.10　与墙壁通过弹簧连接的单个质子的简谐振动模型

当势能函数$V(x)$已知时，可以利用时间无关薛定谔方程获得双原子分子振动能级的简谐振动预测模型。系统的势能函数的计算公式如下：

$$V(x) = -\int F(x)dx + c = \frac{k}{2}x^2 \qquad 假设 \ V(0) = 0 \qquad （1.44）$$

对于上面提到的单体系统，将势能的表达式代入薛定谔方程中，解得方程的特征根，也即系统的振动能级的形式。如（1.45）和（1.46）所示，单位是J，定义如下。

$$Ev = h\nu\left(\nu + \frac{1}{2}\right) \quad \nu = 0,1,2,... \qquad （1.45）$$

$$Ev = \tilde{\nu}\left(\nu + \frac{1}{2}\right) \quad \nu = 0,1,2,... \qquad （1.46）$$

上面公式中的ν和$\tilde{\nu}$是基本振动频率，单位是cm^{-1}，定义如下：

$$\nu = \frac{1}{2\pi}\left(\frac{k}{\mu}\right)^{1/2} \qquad （1.47）$$

$$\tilde{\nu} = \frac{1}{2\pi c}\left(\frac{k}{\mu}\right)^{1/2} \qquad （1.48）$$

方程（1.45）和方程（1.46）所体现的简谐振动的数学模型预示着振动能级之间的间距是相等的，然而我们通过实验观察到振动能级之间的间距实际上是不可能相等的。为了能够更加精确地对双原子分子的能级进行计算，在时间无关薛定谔方程中的势能必须是双原子分子真正的势能，而真正的势能包含的非线性项在胡克振动模型中并未被考虑。从电子态能量图谱（图1.6）得到的真正的核子间势能说明了双原子分子的真正势能是如何随核子间距离的变化而改变的。事实上，在特定的电子状态下分子的能量图谱并不是一个简单的抛物线。为了得到更加精确的振动能级，我们在前面提到的势能方程中考虑了高次项，得到新的势能方程如下：

$$V(x) = \frac{k}{2}x^2 + c_1 x^3 + c_2 x^4 + ... \qquad （1.49）$$

如果应用引入微扰理论的时间无关薛定谔方程对（1.49）中的非谐波项单独进行处理，可以得到的修正后的振动能级表达式如下：

$$E_v = \widetilde{v}_e\left(v + \frac{1}{2}\right) - \widetilde{x}_e\widetilde{v}_e\left(v + \frac{1}{2}\right)^2 + ... \quad v = 0,1,2,... \tag{1.50}$$

上式中 $\widetilde{v}_e$ 是非谐振常数，由方程（1.50）所得到的能级之间的间距不相等，而且与实验得到的现象相符合。图1.11和图1.12分别展示了双原子分子利用方程（1.45）得到的简谐振动模型的振动能级以及利用方程（1.50）得到的更精确数学模型的振动能级。应当强调的是，在方程（1.50）中，不同的电子态具有不同的势能图，因此对于每个电子态，常数 $\widetilde{v}_e$ 与 $\widetilde{x}_e$ 的值都是唯一的。对于每种分子，我们得到这些常数的一般方法是利用方程（1.50）对实际的实验数据进行拟合。

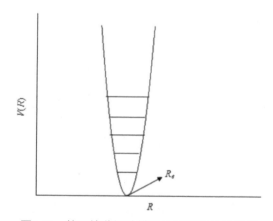

图1.11　基于简谐振动模型的双原子分子能级

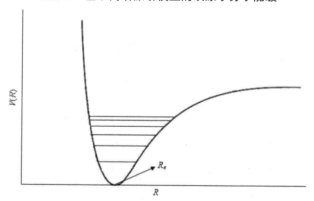

图1.12　基于更符合实际情况的数学模型的双原子分子能级

二、多原子分子的振动状态

和双原子分子一样，决定多原子分子振动状态的关键因素也是分子势能。在本节中，针对基于简谐振动近似的多原子分子的振动能量进行了讨论。因为每个原子都有三个坐标，所以在立体空间中要完整地表达一个N原子分子需$3N$个坐标。就这一点而言，N原子分子有$3N$个自由度，而这$3N$个自由度中的其中3个用于描述分子的质心位置。线性和非线性分子都有3个平移自由度，而对于转动自由度，线性分子有两个，而非线性分子则有3个。去掉平移自由度和转动自由度，线性和非线性分子剩下的自由度分别是$3N–5$和$3N–6$，它们决定了分子中N个原子核的相对位置。在多原子分子中，振动取决于核子的相对位置，因而线性和非线性分子分别具有$3N–5$和$3N–6$个振动自由度。

正如我们在1.2.2.2节所提到的，与外场隔离的多原子分子的势能，仅取决于内部核子的相对位置，所以，它的势能将是振动自由度的函数。如果我们用q_1、q_2、q_3……q_{Nvib}（Nvib为振动自由度的个数）来表示振动自由度的平衡位移值，则分子势能可以写作如下形式：

$$V\left(q_1,q_2,...,q_{vib}\right)=V\left(0,0,...,0\right)+\frac{1}{2}\sum_{i=1}^{N_{vib}}\sum_{j=1}^{N_{vib}}\left(\frac{\partial^2 V}{\partial q_i \partial q_j}\right)q_i q_j + ...$$

$$=\frac{1}{2}\sum_{i=1}^{N_{vib}}\sum_{j=1}^{N_{vib}}f_{ij}q_i q_j \quad (1.51)$$

方程（1.51）是将方程（1.44）推广到多维模型中而得到的一般形式，正如我们所看到的，它并未考虑非谐振项，因此计算得到的包含N个原子的分子的势能实际上是一种利用简谐振动近似的结果。由于在方程（1.51）中交叉项的存在，使得求解对应的薛定谔方程变得十分困难。然而，通过一个特殊的变形（将$\{q_i\}$映射为$\{Q_j\}$），这样对应新的自由度的势能表达式如下：

$$V\left(Q_1,Q_2,...,Q_{N_{vib}}\right)=\frac{1}{2}\sum_{j=1}^{N_{vib}}F_j Q_j^2 \quad (1.52)$$

这些新的坐标为简正坐标，而与其对应的$3N–5$或$3N–6$种振动被称为简正模式振动。在简正模式振动中，原子核以相同的相位运动，所以质心位置不会发生变化，进而整个分子不会产生转动。有时，几种模式具有相同的振动频率，它们被称为简并模式。在简正坐标系下，对于包含N个原子的分子的振动能量，通过简谐振动近似得到的哈密顿算符$\widehat{H}$形式如公式（1.53）。

$$\widehat{H}_{vib}=\sum_{j=1}^{N_{vib}}\left(-\frac{\hbar^2}{2\mu_j}\frac{d^2 q_j}{dQ_j^2}+\frac{1}{2}F_j Q_j^2\right)=\sum_{j=1}^{N_{vib}}\widehat{H}_{vib,j} \quad (1.53)$$

根据哈密顿算子的性质，分子的振动能级可以写为：

$$E_{vib} = \sum_{j=1}^{N_{vib}} h\nu_j \left(\nu_j + \frac{1}{2} \right) \quad \nu_j = 0,1,2,...$$ （1.54）

这意味着在简谐振动近似下，多原子分子的振动运动表现为N_{vib}个基频为ν_j的简谐振动。以H_2O分子为例，它的振动模式如图1.13所示。

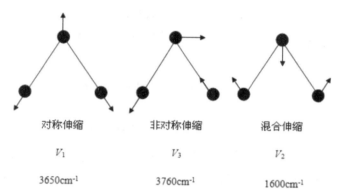

对称伸缩 　　　　　非对称伸缩 　　　　　混合伸缩

V_1 　　　　　　　　V_3 　　　　　　　　V_2

3650cm^{-1} 　　　　　3760cm^{-1} 　　　　　1600cm^{-1}

图1.13 **H_2O分子的基本的振动方式**

正如前面所提到的，方程（1.54）仅仅考虑了势能哈密顿算子的二次项，如果在势能表达式中引入高次项，则得到的修正后的振动能级表达式为：

$$E_{vib} = \sum_{j=1}^{N_{vib}} \tilde{\nu}_{e,j} \left(\nu_j + \frac{1}{2} \right) + \sum_{j=1}^{N_{vib}} \sum_{k \geq j}^{N_{vib}} \tilde{x}_{e,jk} \left(\nu_j + \frac{1}{2} \right) \left(\nu_k + \frac{1}{2} \right) + ...$$ （1.55）

在方程（1.55）中$\tilde{\nu}_{e,j}$和$\tilde{x}_{e,jk}$是非谐振系数，它们可以利用方程（1.55）对实验结果进行拟合而获得。一般情况下，分子的总能量是分子的平移、电子、振动以及转动能量的和。

$$E = E_{tran} + E_{electro} + E_{vib} + E_{rot}$$ （1.56）

1.2.3 分子与弱电磁辐射的相互作用

分子在与弱电磁波相互作用的过程中，会吸收一部分电磁波的能量，本节将对这样的半经典模型进行讨论。在这个模型中，如前面章节所讲到的，分子的能级可以由与时间无关的薛定谔方程得到，并以经典方式对电磁波进行处理。假设一个分子只有高、低两个能级，记为E_1和E_0，对应的状态方程分别ψ_1和ψ_0，如图1.14所示。根据玻尔条件，频率为ν的电磁波经过初始状态为E_0分子时，有$\Delta E = E_1 - E_0 = h\nu$的能量被分子所吸收，之后分子将从$E_0$状态跃迁为$E_1$状态。

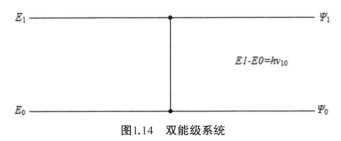

图1.14 双能级系统

这种跃迁的概率可以通过时间相关的薛定谔方程获得，如式（1.57）所示：

$$ih\frac{\partial \psi\left(\vec{r},t\right)}{\partial t}=\widehat{H}\left(t\right)\psi\left(\vec{r},t\right)=\left[\widehat{H}^{(0)}+\widehat{H}^{(1)}\right]\psi\left(\vec{r},t\right)\quad(1.57)$$

在公式（1.57）中，$\widehat{H}^{(0)}$ 是由方程（1.13）给出的对应于孤立系统的哈密顿算子，我们利用它就可以得到分子的各个静止状态。$\widehat{H}^{(1)}$ 是与时间有关的项，取决于分子与电磁波之间的相互作用，它反映了系统由于电磁波辐射而产生的势能时变特性，表达式为：

$$\widehat{H}^{(1)}=-\vec{\mu}\bullet\vec{E}\left(t\right)=-\vec{\mu}\bullet\vec{E}_0\cos\left(kr-2\pi vt\right)=-\mu\cdot E_0\cos\left(2\pi vt\right)\quad(1.58)$$

当振荡电场和净偶极矩方向相同，同时电磁波波长远大于系统尺度时，分子中的每一点的电场强度都是相等的，此时方程（1.58）才是有效的。E_0 和 v 代表电磁辐射的幅度和频率，μ 是系统的净偶极矩，可以利用以下公式进行计算：

$$\vec{\mu}=\sum q_i\vec{r}_i\quad(1.59)$$

在以上公式中，$\vec{r}_i$ 是粒子 i（原子核或电子）相对于质心的坐标，q_i 是粒子的电荷。假设系统初始状态为状态0，在时间 $t=0$ 的时刻，分子与电磁辐射开始相互作用。基于时间相关微扰理论，系统在任何时刻的状态函数 $\psi\left(\vec{r},t\right)$ 可以由它在静止状态0的状态函数 $\psi_0\left(\vec{r},t\right)$ 与静止状态1的状态函数 $\psi_1\left(\vec{r},t\right)$ 的线性组合得到，形式如下：

$$\psi\left(\vec{r},t\right)=a_0\left(t\right)\psi_0\left(\vec{r},t\right)+a_1\left(t\right)\psi_1\left(\vec{r},t\right)\quad(1.60)$$

我们需要确定 $a_0(t)$ 和 $a_1(t)$，这里的 $a_i(t)a_i(t)^*$ 是分子处于状态 i 的概率，$a_i(t)^*$ 是 $a_i(t)$ 的复共扼。在初始条件 $a_0(t)=1$ 和 $a_1(t)=0$ 条件下，联立求解方程（1.7）和方程（1.60），并认为电磁场和偶极矩方向相同，可以解得 $a_1(t)$，进而得到代表发生吸收概率的a1(t) a1(t)*的表达式如下：

$$P_{1\leftarrow0}=a_1(t)a_1(t)^*=\mu_{10}^2E_0^2\frac{\sin^2\left[(E_1-E_0-h\nu)t/2\hbar\right]}{(E_1-E_0-h\nu)^2}\qquad(1.61)$$

在这里，μ_{10}被定义为状态0与状态1之间的跃迁偶极矩，其表达式为：

$$\mu_{10}=\int\psi_1^*\mu\psi_0d\tau\qquad(1.62)$$

从方程（1.62）可以发现，在0~t的时间段内，发生吸收的最大概率位于$h\nu=E_1-E_0$处，如图1.15所示。

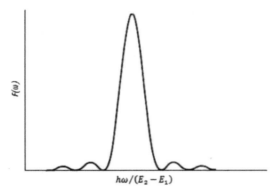

图1.15　代表0~t的时间段内发生0→1跃迁的概率的函数$F(\omega)$

方程（1.61）只能应用于双原子分子，且认为分子与电磁波相互作用的时间极短，这二者之间略微矛盾。因为，根据海森堡测不准原理，如果双原子分子与电磁辐射作用时间为Δt，则系统频域空间的辐射带宽为$\Delta\nu=1/(2\pi\Delta t)$，这显然与双原子分子的前提条件不一致，因此需要对方程（1.61）进行改进。重新假设辐射为宽带辐射，其辐射密度$\rho(\nu)=\xi_0E^2/2$，$\rho(\nu)$集中在中心频率$\nu_0=(E_1-E_0)/h$处，因此整个辐射频率范围内的跃迁概率可以写为：

$$\begin{aligned}P_{1\leftarrow0}&=\frac{2\mu_{10}^2}{\xi_0}\int\rho(\nu)\frac{\sin^2\left[(E_1-E_0-h\nu)t/2\hbar\right]}{(E_1-E_0-h\nu)^2}d\nu\\&=\frac{2\mu_{10}^2}{\xi_0}\rho(\nu_0)\int\frac{\sin^2\left[(E_1-E_0-h\nu)t/2\hbar\right]}{(E_1-E_0-h\nu)^2}d\nu\\&=\frac{\mu_{10}^2}{2\xi_0\eta^2}\rho(\nu_0)t\end{aligned}\qquad(1.63)$$

这是在假设平面波以平行于分子偶极矩的方向传输的条件下得到的。通常情况下，电磁波辐射与分子会呈一系列任意的角度，在这些辐射中，只有方向与分子轴线平行的那部分辐射会被分子吸收，因此应该将方程（1.63）除以3，进而对于粒子数密度为N_0和N_1的系统，它们的每分子吸收率可以表示为：

$$\frac{dP_{1\leftarrow0}}{dt} = \frac{dN_1}{dt} = \frac{2\pi^2}{3\xi_0 hc^3} N_0 \mu_{10} \rho(\nu_0) = B_{1\leftarrow0} N_0 \mu_{10} \qquad (1.64)$$

$B_{1\leftarrow0}$是对应吸收的爱因斯坦系数[22]，1917年，爱因斯坦提出分子与光之间除了吸收，还有另一种十分重要的相互作用，这种作用被称之为受激发射。在受激发射过程中，一个对应$E_1\leftarrow E_0$跃迁的能量为$h\nu$的光子将引发处于较高能态E_2的原子（或分子）发射出一个与激励光子同相且能量也为$h\nu$的另一个光子，进而原来处于E_2的原子（或分子）将会退化为相对低的能态水平。激光器通过在激光媒质中受激发射并获得增益的过程也与此相类似。在E_1能态，由受激发射而产生的粒子数的改变可以由以下公式计算：

$$\frac{dN_1}{dt} = -B_{1\rightarrow0} N_1 \rho(\nu_0) \qquad (1.65)$$

因为代表吸收的爱因斯坦系数$B_{1\leftarrow0}$与代表发射的爱因斯坦系数$B_{1\rightarrow0}$数值上相等，利用这一性质，因此联立方程（1.64）与方程（1.65），可以得到在E_1能态的分子由于发射和吸收所产生的总粒子数的变化率为：

$$\frac{dN_1}{dt} = (N_1 - N_0) B_{1\leftarrow0} \rho(\nu_0) = (N_1 - N_0) \frac{2\pi^2}{3\xi_0 hc^3} \mu_{10}^2 \rho(\nu_0) \qquad (1.66)$$

1.2.3.1 由于吸收而产生的光衰减

假设一个系统，在处于基态时每立方米体积包含N_0个分子（能量为E_0），而在其处于激发态时每立方米体积包含N_1个分子（能量为E_1），如图1.16所示。

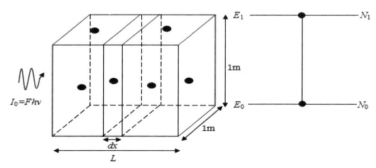

图1.16　一个体积为 1m × 1m × Lm，在E_0与E_1能级下每立方米分子数分别为N_0与N_1的系统

当流量为$F=c\rho(v_0)/hv=I_0/hv$（单位：photons/m²s）的光子入射到系统中时，这些光子在通过系统的过程中将会被吸收或者产生受激发射。在这种情况下，处于能量状态E_1下的粒子变化率可以写为：

$$\frac{dN_1}{dt}=\frac{2\pi^2\mu_{10}^2 v}{3\xi_0 hc}F\left(N_0-N_1\right)=\sigma F\left(N_0-N_1\right) \tag{1.67}$$

参数σ被称为吸收截面，它被用来衡量分子吸收光子的有效作用区域，单位为m_2。假设吸收路径长度为dx，由于被分子吸收（通常伴随着受激发射）而导致的光通量的衰减为dF，则dF可以表示为：

$$dF=-\sigma F\left(N_0-N_1\right)dx \tag{1.68}$$

或者

$$dI=-\sigma I\left(N_0-N_1\right)dx \tag{1.69}$$

在公式（1.69）中，对x进行积分，可以计算通过长度为L的媒介后，出射与入射光强满足如下关系：

$$I=I_0 e^{-\sigma\left(N_0-N_1\right)L} \tag{1.70}$$

这里I_0是入射光强，一般情况下$N_0 \gg N_1$，所以$N_0 \approx N_0-N_1$。此外，在吸收光谱学理论中，尤其是低温条件下通常可以忽略受激发射现象所产生的效果。在方程（1.66）中，许多复杂现象，诸如碰撞以及分子运动等都被忽略不记。当这些现象被考虑在内时，分子吸收线形将从一个无限尖锐狭窄的Dirac-delta函数$\sigma(v-v_0)$变为一个真正符合实际情况的分子线形函数$g(v-v_0)$。基于方程（1.66），一个真正的吸收截面的定义为：

$$\sigma=\sigma(v)=\frac{2\pi^2\mu_{10}^2 v}{3\xi_0 hc}g\left(v-v_0\right) \tag{1.71}$$

1.2.3.2 压力展宽

对于图1.14所描述的双能级系统，在无辐射时它的状态可以由以下公式给出：

$$\psi=a_0\psi_0 e^{-iE_0 t/\eta}+a_1\psi_1 e^{-iE_1 t/\eta} \tag{1.72}$$

在这样的系统中，因为不存在电磁辐射，所以a_0与a_1都是常数。可以证明系统的偶极矩$\overline{M}$以波尔频率$v_0=(E_1-E_0)/h$自然振荡，如公式（1.73）：

$$\overline{M}=\int\psi^*\mu\psi d\tau=2a_0 a_1\mu_{10}\cos(2\pi v_0 t)=\overline{M_0}\cos(2\pi v_0 t) \tag{1.73}$$

系统的偶极矩随时间的变化确定了线形函数，它是系统偶极矩经过傅立叶变换而得到的。在没有碰撞的情况下，偶极矩固定地以波尔频率v_0振荡，由于方程（1.73）中无限余弦波的傅立叶变换产生会产生一个固定的频率v_0，因此得到的线形函数为$\sigma(v-v_0)$。然而，在分子与分子相互碰撞的情况下，振荡偶极矩的相位将以一种随机的方式变化。如果碰撞与碰撞之间间隔的平均时间为T_2，如图1.17所示，则无限余弦波将被分解为平均长度为T_2的小段。这样的振荡偶极矩的傅立叶变换将是一个洛伦兹函数[23]，其半峰全宽（FWHM）为：

$$FWHM = 2\Delta v_L = \frac{1}{\pi T_2} \tag{1.74}$$

线形函数为

$$g_L(v-v_0) = \frac{\Delta v_L / \pi}{(\Delta v_L)^2 + (v-v_L)^2} \tag{1.75}$$

由于碰撞间隔的平均时间与对应的压力成比例，因而半峰全宽（FWHM）又可写为：

$$FWHM = 2\Delta v_L = bp \tag{1.76}$$

这里的b是压力展宽系数，它可以通过实验或检索HITRAN数据库得到。

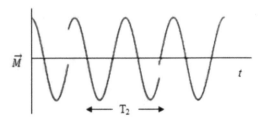

图1.17 由于碰撞而产生的振荡偶极矩的随机相位

1.2.3.3 温度展宽

进一步研究一个速度为$\vec{v}$的原子与频率为v的平面波（波矢量为$\vec{K}$）的相互作用，如图1.18所示。这种情况下，平面波将会产生多普勒频率偏移，当原子与平面波运动方向相反时，偏移量为$v'=v(1+v/c)$；当原子与平面波运动方向相同时，偏移量为$v'=v(1-v/c)$。通常，矢量$\vec{v}$和$\vec{K}$不互相平行，此时多普勒频率偏移可以写为：

$$v' = v\left(1 - \frac{v \cdot K}{c|K|}\right) \tag{1.77}$$

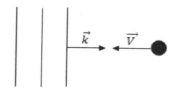

图1.18 一个速度为 $\vec{V}$ 的原子与频率为v的平面波（波矢量为 $\vec{K}$ ）的相互作用

在运动分子体系中，我们假设吸收或者发射电磁波的频率为v_0，且无偏移；而在实际的实验中，当原子以速度V运动时，此固有频率会发生偏移而变为：

$$v_0' = \frac{v_0}{1 \pm V/c} \tag{1.78}$$

在温度为T的处于动态平衡的气态系统中，分子的麦克斯威尔——波尔兹曼速度分布可以写为：

$$p(V)dV = \left(\frac{m}{2\pi kT}\right)^{1/2} e^{(-mV^2)/2kT} dV \tag{1.79}$$

这里m是分子质量，k是波尔兹曼常数。通过（1.78）可得$dV=(c/v_0)dv_0'$，将其代入分子的速度分布表达式（1.79）中，则对应固定频率v_0，产生的归一化频率分布表达式为：

$$g_D(v - v_0) = \frac{1}{v_0}\left(\frac{mc^2}{2\pi kT}\right)^{1/2} e^{-mc^2(v-v_0)^2/2kTv_0^2} \tag{1.80}$$

如公式（1.80）所见，多普勒效应产生了高斯线形的函数，此时的FWHM为：

$$\Delta v_D = 2v_0\sqrt{\frac{2kT\ln 2}{mc^2}} = 7.1 \times 10^{-7} v_0 \sqrt{\frac{T}{M}} \tag{1.81}$$

在上面的公式中，温度T的单位是K，波数v_0和Δv_D的单位都是cm^{-1}，原子质量M为无量纲单位。利用公式（1.81）可将公式（1.80）所示的高斯线形函数简化为：

$$g_D(v - v_0) = \frac{2}{\Delta v_D}\sqrt{\frac{\ln 2}{\pi}} e^{-4\ln 2\left[(v-v_0)/\Delta v_D\right]^2} \tag{1.82}$$

1.2.3.4 Voigt线型函数

在许多系统中多普勒展宽和碰撞展宽同样重要，因此线形函数同时被这两种展宽机制所影响。假设一个系统中的分子对于特定的吸收跃迁其固有频率为ν_0，由于多普勒效应，固有频率ν_0会偏移至ν_0'，因此系统具有频率为$\nu_0'\sim\nu_0'+d\nu_0'$的固有频率的概率为$g_D(\nu_0'-\nu_0)d\nu_0'$。当同时考虑碰撞产生的效果时，偏移后得到的频率ν_0'本身被展宽，在这种情况下，固有频率从ν_0'偏移至$\nu\sim\nu+d\nu$频率范围内的概率为

$$g_V(\nu-\nu_0)d\nu = \int_{\nu_0'=-\infty}^{\nu_0'=+\infty} g_D(\nu_0'-\nu_0)g_L(\nu-\nu_0')d\nu_0'd\nu \qquad （1.83）$$

这里的线形函数$gV(\nu-\nu_0)d\nu$是高斯函数和洛伦兹函数的卷积，被称为Voigt函数[24]，Voigt线形函数是在光谱学中广泛采用的线形函数。可以写为以下形式：

$$g_V(\nu-\nu_0) = \int_{\nu_0'=-\infty}^{\nu_0'=+\infty} g_D(\nu_0'-\nu_0)g_L(\nu-\nu_0')d\nu_0' \qquad （1.84）$$

1.2.4 跃迁定则

从方程（1.61）得到的一个重要的结论是分子与电磁波发生相互作用时，只有当高低能级之间的跃迁偶极矩$\mu_{10}\neq0$时，分子才会发生跃迁。包含了量子力学原理在内的，指出偶极矩不为零的情况下跃迁的普遍标准，被称为跃迁定则。下面将基于跃迁定则，对一些重要的跃迁进行说明。

1.2.4.1 对应转动跃迁与振动跃迁的跃迁定则

借助例如图1.8的刚性转子模型，通过计算状态函数，可以确定跃迁偶极矩μ_{10}。如果定义高低能态转动量子数之间的差值为ΔJ，若$\mu_{10}\neq0$，则要求$\Delta J=\pm1$，同时分子还必须满足固有偶极矩$\mu\neq0$。这是对应简谐振子[25]的跃迁定则。振动吸收的跃迁定则要求分子以简正模式运动的过程中，其偶极矩必须发生变化，此时，这种简正模式就具有红外活性，反之则不具备红外活性。举例来说，二氧化碳分子有四种简正振动模式，如图1.19所示。这四种模式中完全对称的那种，运动中偶极矩不会发生变化，所以不具有红外活性。

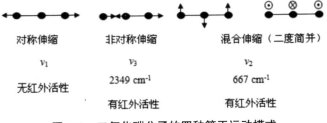

图1.19 二氧化碳分子的四种简正运动模式

1.2.4.2 对应转动——振动吸收的跃迁定则

对应转动——振动吸收的跃迁定则主要依赖于偶极矩相对于分子轴线的振动方向。如果偶极矩平行于分子轴线振动，则跃迁定则为：

$$\Delta v = \pm 1$$
$$\Delta J = \pm 1 \tag{1.85}$$

这时，转动——振动光谱由一个R支带（$\Delta J=+1$）和一个P支带（$\Delta J=-1$）组成，这样的吸收带被称为平行带，值得一提的是所有的双原子分子的转动——振动光谱都属于这个范畴。图1.20给出了HCL的$0\to 1$与$1\to 2$跃迁振动光谱的R支带和P支带的结构。

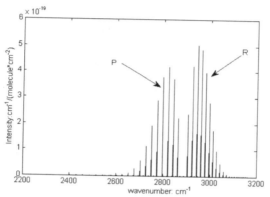

图1.20 HCL的0→1与1→2跃迁振动光谱的R支带和P支带

若偶极矩垂直分子轴线方向振动，则跃迁定则满足：

$$\Delta v = \pm 1$$
$$\Delta J = 0, \pm 1 \tag{1.86}$$

这时除了前面提到的R支带和P支带，吸收光谱还包含一个Q支带（$\Delta J=0$），此时的吸收带被称为垂直带。图1.21与图1.22给出了CO_2的一个平行带和一个垂直带。

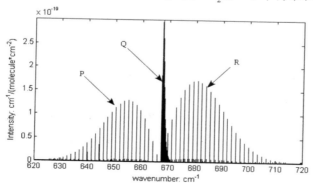

图1.21 CO_2跃迁振动光谱的垂直带

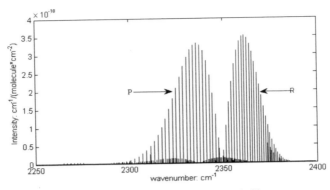

图1.22　**CO$_2$跃迁振动光谱的平行带**

1.2.5　振动——转动光谱

如前面所提到的，在方程（1.70）中，入射光强度的衰减量取决于吸收截面 $\sigma(v)$、粒子数差 $\Delta N=N_0-N_1$、以及光程 L。吸收截面的积分是频率的函数，它代表振动的强度，对于特定的跃迁其值是固定的。振动强度主要依赖于高、低能级的状态函数以及分子的跃迁偶极矩。高低能级之间的相对粒子数取决于温度，并且相对粒子数决定了吸收光谱的线形轮廓。当分子吸收红外辐射时，将会有转动跃迁伴随着振动跃迁，这种复合跃迁被称为振动——转动跃迁，如图1.23。

讨论一个由 N 个特定分子组成的混合了电子能态、振动能态和转动能态的系统，假设环境温度为 T，基于波尔兹曼分布[26]，当系统达到热平衡时，处于特定的能态 E_i 分子数为：

$$N_i = \frac{N}{Q(T)} g_i \exp\left(-E_i/k_B T\right) \qquad （1.87）$$

在公式（1.87）中，g_i 与 k_B 分别是状态 i 的简并度和波尔兹曼常数，$Q(T)$ 是配分函数，定义为：

$$Q(T) = \sum_i g_i \exp\left(-E_i/k_B T\right) \qquad （1.88）$$

现在，对一个使分子由状态 E_i 进入状态 E_f 的特定的跃迁进行研究。假设能态 E_i 和 E_f 具有的量子数分别为（v''，J''）和（v'，J'）。实际上，在大多数情况下，高能态（v'，J'）下观察不到热粒子，而且分子一般会处于它们的振动基态，所以我们可以认为所有的跃迁都是起始于分子的基态，如图1.23，这样相应的粒子数变化为：

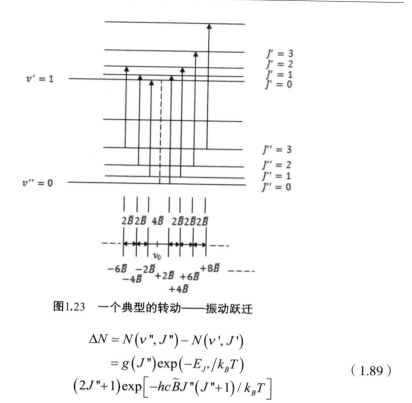

图1.23 一个典型的转动——振动跃迁

$$\Delta N = N\left(v'',J''\right) - N\left(v',J'\right)$$
$$= g\left(J''\right)\exp\left(-E_{J''}/k_B T\right)$$
$$\left(2J''+1\right)\exp\left[-hc\widetilde{B}J''\left(J''+1\right)/k_B T\right] \quad\quad (1.89)$$

方程（1.89）涉及到图1.7中基于刚性转子模型的双原子分子的转动与转动简并度，因而正比于粒子数变化的光谱吸收可以由方程（1.89）计算得到，结果如图1.24所示。在图1.24中，振动—转动光谱由一系列等间距的线构成，结构上是对称的。事实上，振动与转动跃迁并不是独立的，真正的光谱外观如图1.25所示。

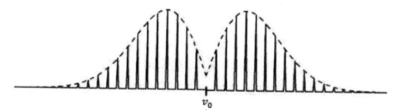

图1.24 基于刚性转子模型的双原子分子的光谱

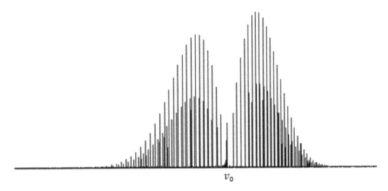

图1.25　典型的双原子分子的实际的光谱

1.2.6　比尔——郎伯定律

如前面章节所提到的，入射光束通过指定区域后的衰减可以利用公式（1.70）进行计算，这个公式可以写为如下形式：

$$I = I_0 \exp\left[-k(v)L\right] \qquad (1.90)$$

上面的$k(v)$是吸收系数，可以展开写为：

$$k(v) = (N_0 - N_1)\sigma(v) \qquad (1.91)$$

对于转动——振动跃迁，如前面小节所提到的，如果忽略受激发射效应，则粒子数变化可以写为：

$$\Delta N = N_0(v'',J'') - N(v',J') \approx N_0(J'') = \frac{g(J'')}{Q(T)}\exp(-hcE''/k_BT)N \qquad (1.92)$$

在此$g(J'')$、$Q(T)$、E''分别是低能态简并度、分子在温度为T时的配分函数以及低能态分子所具有的能量值。如果考虑受激发射效应，则方程（1.92）等号右边还需要乘以$1-\exp(-hcv_0/k_BT)$。考虑受激发射效应，同时根据吸收气体的分压来改写吸收系数（取代前面提到的分子数密度N），则方程（1.90）可以写为如下形式：

$$I = I_0 \exp\left[-P_{abs}S(T)\phi(v-v_0)L\right] \qquad (1.93)$$

方程（1.93）被称为比尔——朗伯定律[27]，在此方程中，P_{abs}为目标气体分压力，L为吸收路径长度，$\phi(v-v_0)$为线形函数，$S(T)$被称为吸收线强，它是只依赖于温度的参数，可以展开为：

$$S(T) = N_L \left(\frac{273}{T} \right) \left(\frac{\pi e^2}{m_e c^2} \right) \frac{g_{J''}}{Q(T)} \exp\left(-\frac{hcE''}{k_B T} \right) f \left[1 - \exp\left(-\frac{hcv_0}{k_B T} \right) \right] \quad (1.94)$$

在方程（1.94）中，N_L、e、m_e分别是罗西米托常数（标准状态下，每立方厘米气体所具有的分子数）、电子电荷以及电子质量；c是光速；$Q(T)$是分子的配分函数；h是普朗克常量；k_B是波尔兹曼常量；$g_{J''}$、E''、f分别是低能态的简并度、低能态能级值以及跃迁的振荡强度。方程（1.93）中的$\phi(v-v_0)$是线形函数，如前面小节所阐述的，它只与温度和压力有关，通常展开为Voigt函数的形式。

1.3　吸收谱线、激光器及检测技术的选择

1.3.1　吸收谱线及激光器的选择

从前面的理论分析可知，基于光谱吸收法的气体浓度检测过程能否取得理想的结果，其决定因素可以包括三方面：首先是对于吸收谱线的选择；其次是电路（包括光源驱动、信号处理等）的设计；第三是激光器本身的性能，诸如它的稳定性、线宽等。在这里我们着重说明一下吸收谱线的选取。吸收谱线的选取大体从以下三方面入手：

一、对于目标气体，谱线吸收强度尽可能大，一般来讲基频吸收强度要远远大于泛频带与组合带的吸收强度；

二、吸收谱线要尽量靠近激光器正常工作条件下（温度25℃）的中心波长；

三、吸收谱线尽量远离周围其它气体的谱线，在此基础上还应该避免与此气体的其它谱线互相覆盖。对于甲烷气体，我们首先观察它的吸收光谱，如图1.26所示。

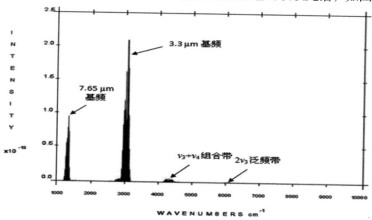

图1.26　甲烷的红外光谱

从图中可以得到甲烷气体在1~10 μm的谱线范围内共有四个吸收带。最强的两个即是甲烷的基频带，中心分别是3.3 μm和7.65μm。其次，是v_3+v_4组合带和$2v_3$泛频带。实际上，甲烷有四个基频，分别是v_1=2914.2 cm^{-1}（3.431 μm）、v_2=1526 cm^{-1}（6.553 μm）、v_3=3020.3 cm^{-1}（3.311 μm）和v_4=1306.2 cm^{-1}（7.656 μm）。所有这四个基频都是拉曼激活的，然而只有v_3和v_4两个基频同时还是红外激活的，具有红外活性。这两个基频的谱线强度远远大于v_3+v_4组合带和$2v_3$泛频带的谱线强度，应用基频、组合频或泛频带时所需要的光源及对应的波长如图1.27所示。

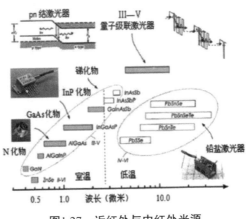

图1.27　近红外与中红外光源

在这些光源中，近红外半导体激光器[28]具有体积小、质量轻、工作稳定、无需低温制冷、价格低廉等诸多优点，它存在的些许不足是发射功率不如量子级联激光器（但通常高于锑化物光源、铅盐激光器等），此外，它所发射的近红外波段（1~2μm）对应的是气体的泛频带或组合带，其吸收要比基频带弱得多。下面以甲烷气体为例，对基频带与泛频带的吸收线强进行了对比。甲烷的3.311 μm基频带和7.656 μm基频带分别如图1.28和图1.29所示。

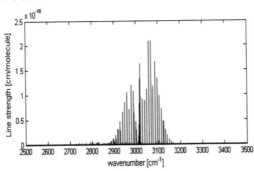

图1.28　甲烷3.311μm基频带的红外吸收光谱

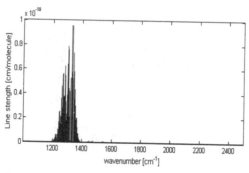

图1.29 甲烷 7.656μm基频带的红外吸收光谱

从图中可以看到，3.311 μm 基频带的红外吸收光谱最强的线强可以达到 2×10^{-19}，而7.656 μm基频带的红外吸收光谱线强稍弱一些，但也接近1×10^{-19}。我们再来观察甲烷气体吸收光谱的v_3+v_4组合带以及$2v_3$泛频带的结构，如图1.30和图1.31所示。从图1.30中我们可以看到，甲烷气体吸收光谱的v_3+v_4组合带的中心在4326.5 cm^{-1}(2.311 μm)附近，其最强线强约为5.5×10^{-21}。而对于$2v_3$泛频带，由图1.31可见，其最强线强约为1.3×10^{-21}。显而易见，在这些谱带中$2v_3$泛频带的吸收最弱。然而，它却有其他谱带所不能比拟的优势。它所使用的光源除了前面提到的诸多优势，还具有另一重要的优势：它的线宽极窄，可以方便地通过改变驱动电流或者工作温度使波长微调，此外，泛频带的谱线较为稀疏，这样我们可以通过波长调谐来实现对单根或几根吸收谱线的测量，而不是对谱线簇进行测量，从而能避免周围其他谱线对我们实验的干扰。当激光器由于某些原因产生波长漂移时，我们可以通过谱线锁定技术重新对其进行调整，避免其对实验结果造成影响。本次实验我们的光源是中国科学院半导体所提供的中心波长1.654 μm(25℃，30 mA)的分布反馈式半导体激光器，我们实验与研究选用的吸收谱线为甲烷气体的$2v_3$带R(3)支带，它包括3根谱线，它的精细结构如图1.32所示，包括波数、线强、展宽系数等在内的光谱参数如表1.2所示。

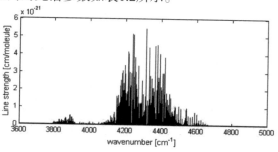

图1.30 甲烷 v_3+v_4组合带的红外吸收光谱

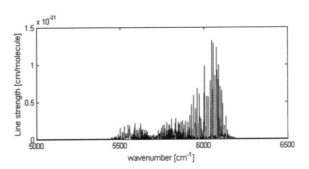

图1.31 甲烷$2v_3$泛频带的红外吸收光谱

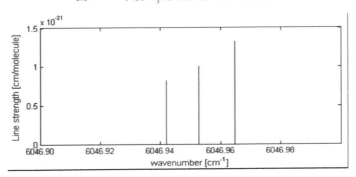

图1.32 甲烷$2v_3$泛频带的$R(3)$支带的精细结构

表1.2 甲烷$2v_3$带$R(3)$支带的光谱参数

Mol	Iso	v_{ij}	S_{ij}	γ_{air}	γ_{self}	n_{air}	δ_{air}
6	1	6046.9420	8.170E-22	0.0660	0.0820	0.75	-0.008
6	1	6046.9527	1.000E-21	0.0660	0.0820	0.75	-0.008
6	1	6046.9647	1.320E-21	0.0660	0.0820	0.75	-0.008

表1.2中各列分别是分子在HITRAN[29]数据库中的序号、同位素序号（1代表在自然界中最多的那种同位素，以此类推）、波数、线强、空气展宽系数、自展宽系数、温度系数以及由于压力产生的谱线中心偏移。其中波数的单位是cm^{-1}，线强单位是cm^{-1}/(molecule×cm^{-2})，而空气展宽系数、自展宽系数和由于压力产生的谱线中心偏移的单位都是cm^{-1}/atm。由于这三条线的位置很接近，相互间距离不到0.1个波数，因此我们可以把它们看作一条线，强度为三者之和。有了这些数据，我们就可以利用软件计算来模拟得到不同浓度条件的吸收系数[30]与谐波。如无特别说明，我们通过Matlab仿真谐波波形所用到的数据都来源于此。

综上可知，我们选择分布反馈式近红外二极管激光器进行实验的优势为：

一、成本低，便于推广；

二、光源技术成熟，工作稳定；

三、可以对单根或几根谱线进行研究，使实验具有较强的目的性和针对性；

四、在1~2 μm区域，可以利用光纤将实验设计的仪器组成网络，实现多点监测。

而它存在的最大不足是谱线强度弱，下面一节我们将对弥补这方面不足的技术方法进行阐述。

1.3.2 检测技术的选择

我们所选择的检测技术是可调谐二极管吸收光谱技术[31]结合波长调制光谱法[32]，即TDLAS-WMS[33]。应用可调谐二极管激光器的吸收光谱技术，其实质是使激光器的光频率扫描选定的待测气体的吸收跃迁谱线。一般情况下，激光器的线宽很窄，通过改变温度或者驱动电流都能实现对发射波长的调节[34]。在实验中，首先进行粗调，即通过调整激光器的工作温度使激光频率保持在吸收跃迁的中心位置附近。然后，调节驱动激光器的电流再对波长进行进一步地精细调节，即细调，粗调和细调的目的是使激光器发射的中心波长迅速而准确地与吸收谱线中心对准。在确定了工作温度与直流偏置电流后，需要使直流电流周期性地缓慢变化，以实现激光波长对整个跃迁谱线的扫描。在可调谐二极管吸收光谱技术的基础之上，又衍生出两类具体的方法：直接吸收法和波长调制法。

一、直接吸收法

在这种方法中，通过对激光器提供三角波（或锯齿波）驱动电流实现对激光器波长的调谐，进而使激光器发射的光波长扫描过选定的吸收跃迁谱线。图1.33是典型的基于直接吸收技术的实验结构图。在这种典型的设计中，激光器所发出的光通过两个分光镜和一个平面镜被分为三束。参照图1.33，第一束光直接经过探测区域，被气体衰减后为第一个光探测器所接收；第二束光先经过光干涉仪，然后被第二个光探测器接收，这个信号可以用来跟踪激光器波长随时间的变化，从而实现电信号从时域到频域的换算；第三束光直接被第三个光探测器检测，目的是获得背景信号。

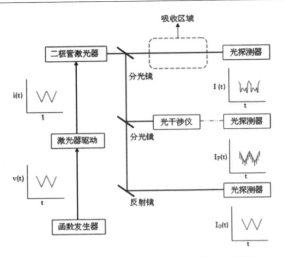

图1.33　典型的基于直接吸收技术的实验结构

如图1.34所示，在扣除背景信号之后，为了实现电信号与气体浓度的关联，首先利用未经衰减的原始光强信号$I_0(t)$对经过衰减的透射光强信号$I(t)$进行归一化处理，然后对结果取自然对数，得到$\ln(I_0/I)$，它是光吸收率与时间的函数；最后通过对经过衰减的透射光强信号$I(t)$和经过干涉仪的信号$I_F(t)$进行比较，可以得到激光器的发射波长与时间的函数。这样，我们可以获得光吸收率对应波长的函数，根据实际气体环境的温度与压力来选择合适的吸收谱线线形，对吸收率进行线形拟合。线形函数的积分值为1，即$\int(v-v_0)=1$，利用这一重要性质，我们可以通过对拟和曲线积分以实现对浓度的计算，如公式（1.95）：

$$P_{abs}=\frac{1}{S(T)L}\int\left(\frac{I_0}{I}\right)dv \qquad （1.95）$$

在公式（1.95）中，线强$S(T)$是依赖于温度的系数，可以通过查找数据库（如HITRAN等）或经由实验得到。这里需要注意的是，如果信噪比(S/N)足够大，则可以直接对吸收率进行积分计算，而无需再利用线形拟合的办法。直接吸收技术的原理和对测量信号的解析过程简单而直接，不需要锁相放大等复杂的信号提取技术，这是它最大的优点，通过分析我们也不难发现它的缺点：首先，它需要对完整的吸收谱线进行积分，然而，实际上由于相邻跃迁的相互影响以及谱线展宽效应，这种积分通常很难实现；其次，直接吸收技术由于其简易的信号采集手段而无法获得很高的灵敏度，因此它很容易受到背景信号变化的影响。

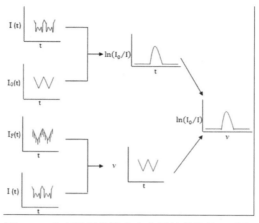

图1.34 在直接吸收技术中典型的数据处理过程

二、波长调制技术

在波长调制光谱学中，驱动激光器的电流通常是在一个频率较低（几Hz到几十Hz）的扫描信号上叠加一个频率较高（一般情况下约为扫描信号频率1000倍）的调制信号（正弦信号或脉冲信号）。图1.35描述了典型的波长调制光谱学的系统结构。典型的波长调制光谱学，其激光器的调制频率远小于吸收谱线的半宽。与直接吸收技术相比，波长调制技术具有更高的灵敏度，原因有二：首先通过高频调制把待测信号移至高频段，这样大大抑制了1/f噪声；其次，由于引入了锁定放大技术使检测带宽变窄，也起到了减少噪声的作用。和传统的直接吸收技术相比，波长调制光谱技术将检测灵敏度提高了至少3个数量级。

如图1.35所示，从光探测器输出的信号将进入锁相放大器，而锁相放大器的参考频率被设定为调制频率的偶数倍，一般情况下我们选择调制频率的二倍频作为参考信号的频率，但目前已经有一些研究组开展了高次谐波的研究。当吸收系数极小时，即$\alpha(v)=S\phi(v-v_0)LP_{abs}\ll 0.1$时，从锁相放大器输出的信号$I_{2f}$与待测吸收气体的分压力$P_{abs}$的关系如下：

$$I_{2f} = KI_0 H_2(v-v_0)S\phi(v_0-v_0)LP_{abs} = KI_0 H_2(v-v_0)\alpha_0 \quad (1.96)$$

在公式（1.96）中，$H_2(v-v_0)$是调制归一化线形的二次谐波分量、K为电光增益、I_0为原始光强信号、$\alpha_0=S\phi(v_0-v_0)P_{abs}$为扫描频率范围内吸收系数的最大值。参数$H_2(v-v_0)$和$\alpha_0$都依赖于线形函数，进而取决于温度与气体的浓度。此外，$H_2(v-v_0)$还依赖于调制深度。在波长调制光谱学中，二次谐波信号的峰值$I_{2f,\,max}$与待测气体的关系如下：

$$I_{2f,\max} = KI_0 H_2(v_0 - v_0) S\phi(v_0 - v_0) L P_{abs} = KI_0 \alpha_0 \qquad (1.97)$$

在利用方程（1.97）对浓度进行计算的过程中，只需要了解吸收谱线中心的信息，而无需再将时域信号和频率信号相对应，因而在波长调制光谱学中通常不需要干涉仪。

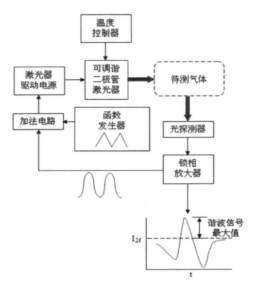

图1.35　波长调制光谱学的典型实验结构

1.4　TDLAS–WMS技术的发展趋势及国内外的研究现状

20 世纪 60 年代中期，当第一支铅盐可调谐二极管激光器一经问世，便立即作为一种急需的可调谐光源而在高分辨率红外吸收光谱[35]领域得到了应用。根据比尔朗伯定律，可调谐二极管激光器在大气测量领域最重要的应用是将其与长光程技术结合起来，以提供高灵敏度的局部测量。这也是通常所提到的Tunable Diode Laser Absorption Spectral（TDLAS，可调谐二极管激光吸收光谱）。TDLAS通过利用单模的窄线宽激光器来扫描被测气体的孤立吸收谱线。为了使实验具有较好的选择性，实验与分析过程通常是在低压情况下进行的，以使吸收谱线不至于因为压力过大而出现大幅度的展宽。1970年，Hinkley[36]首次使用电流调谐型PbSnTe 二极管激光器以及长光程开放式气室，分别利用单光路法与差分法在10.6 μm附近得到了SF_6的$P(16)$与$P(20)$线的吸收光谱。1976年，Ku与Hinkley利用长光程技术实现了对大气中CO气体的浓度测量[37]，他们选择的是CO气体的4.7μm基频。在检测过程中，他们首次引入了快速频率调制方法以克服大气湍流效应，在0.61Km的光程下检测下限达到了5 ppb（parts per billion）。在此基础上，Hinkley在2Km的光程下采用同样的方法做了CO、NO、C_2H_4和H_2O四种气体的光谱测量实验[38]。1977年，Hanson等人利用TDLAS技术在一个平焰燃烧器的后火焰区域中实现了对CO位于2077cm^{-1}的$P(10)$线的高分辨率吸收光谱的测量[39]。自那时起，关于应用二极管激光器进行燃烧产物分析[40-43]的实验研究开始不断涌现。今天，二极管激光器在气体分析领域已经成为了一种较普遍的测量工具，广泛应用在实验室中的后火焰区域敏感光谱测量，以及遥测与大气组分分析领域。此外，对于外星球的大气空间气体组分的分析也已经开始起步。

在过去的十几年中，检测技术的进步，例如波长调制、单频调制以及双频调制光谱技术的出现，大大地提高了二极管激光吸收光谱法的测量灵敏度，并且将其发展成一种具有高灵敏度的，较为通用的，可以监测大气中绝大多数痕量气体组分的技术。当今世界范围内，对于TDLAS结合WMS的光谱检测方法，美国的斯坦福大学机械工程系的高温气动实验室进行相关领域的研究起步比较早，发展也很迅速。他们在谐波信号的提取过程中，利用一次谐波对二次谐波进行归一化处理，以消除剩余幅度调制现象，到今天为止，已经形成了具有自身特色的完整的研究体系[44-46]。而放眼国内，安徽光学精密机械研究所环境光学与技术重点实验室的刘文清[47-48]、阚瑞峰[49-50]等人，燕山大学电气工程学院的张景超、王玉田等人在利用可调谐二极管激光器结合谐波检测技术方面做了大量的工作。今后，基于可调谐二极管激光吸收光谱与谐波检测技术的气体监测必将继续朝着实用化（不再局限于实验中应用，而是直接为工业与农业生产服务）、高灵敏度（达到parts-per-trillion，即ppt量级）、多元化（可以对更多的气体进行分析）以及多功能化（不仅仅是对浓度进行标定，还应能实现测温、谱线还原等功能）的方向不断发展前进。

1.5　作者的研究成果

作者的主要研究工作[51-57]可以分成为三部分（即2至4章之内容），第一部分（第2章）是对TDLAS-WMS技术，即可调谐二极管激光吸收光谱法与波长调制光谱学理论进行深入学习与研究。利用Matlab科学计算软件，对一至六次谐波提取过程中调制深度、检测相位对谐波峰值所造成的影响，以及不同的电调制系数组合所产生的谐波波形与峰值的变化，做了详细的仿真分析。在研究工作第二部分（第3章），对典型TDLAS-WMS检测系统所设计的光路与电路模块的功能与设计方法，以及各个模块之间的接口进行了详细阐述。这些模块包括：光隔离器、光纤连接器、光衰减器、光纤分束器、光纤、气室、波形产生电路、方波锁相及倍频电路、激光器驱动电路、激光器温度控制电路、光电转换电路以及信号调理电路。研究工作第三部分（第4章），是我们的具体实验部分。这部分工作涵盖了作者在攻读博士以及工作期间针对消除光强度调制及其诱发的剩余幅度调制现象所设计的光路与电路结构，以及利用这些系统开展实验所获得的实验效果。最后，总结了我们在TDLAS-WMS技术在气体分析领域的应用中所作的主要工作。总结了光路与电路的设计结构，以及设计的激光器驱动与温度控制电路的主要特点，总结了提出的用于消除强度调制现象的电路设计方法。对于如何进一步降低检测下限提出了自己的看法。

第二章 TDLAS-WMS技术以及强度调制现象的研究

在这一章中，具体描述了典型的波长调制光谱学的基本原理以及在实际实验中为消除强度调制现象所采用的办法。首先简单介绍了光探测器输出的信号在锁相放大器中的处理过程，接下来给出了锁相放大器输出的光探测器同相信号的表达式，对表达式中的一些重要物理量，如线强、线宽、吸收截面等给出了近似计算的公式，并且在有无强度调制两种情况下，给出了锁相放大器输出的二次谐波波形与调制深度、检测相位等的关系。最后，对于利用可调谐二极管吸收光谱技术和波长调制光谱技术进行气体检测时所遇到的普遍问题，即强度调制现象的消除方法进行了介绍，并指出了现有方法所存在的瓶颈。

2.1 波长调制光谱技术的基本理论

如果以频率f（角频率ω）对驱动二极管激光器的电流i_0进行调制，则得到的电流i为：

$$i(t) = i_0 + \Delta i \cos(\omega t) \tag{2.1}$$

在公式（2.1）中，i_0与i分别是驱动激光器的直流偏置电流和调制正弦电流的幅值，驱动电流的调制所产生的激光强度I和波长v的改变分别为：

$$I(t) = \bar{I} + \Delta I \cos(\omega t) \tag{2.2}$$

$$v(t) = \bar{v} - \Delta v_m \cos(\omega t + \psi) \tag{2.3}$$

v_m是频率调制的幅度，ψ是强度调制和频率调制的相位差，$\bar{I}$与ΔI分别是激光平均强度与强度调制的幅值。根据前面所提到的，当二极管激光器的波长被一个频率为f（一般为几KHz~几十KHz）的正弦波调制的同时，还被一个频率为F（一般为f的 1/1000）的三角波（或锯齿波）调谐，进而使激光器的中心频率缓慢扫描过选定的气体吸收谱线。通常，对于TDLAS技术而言，低频电流信号对二极管激光器的波数的调谐范围大约为几个波数，在这个范围内，光频率和强度存在着非线性的一一对应关系。在此，利用一个二阶的非线性模型来研究激光波长与强度的关系，低频电流信号引起的光强变化与激光波长的变化的关系为：

$$I_0(v) = I_0\left[1 + S_{F1}\left(v - \overline{v_0}\right) + S_{F2}\left(v - \overline{v_0}\right)^2\right] \quad (2.4)$$

这里I_0是任意频率$\overline{v_0}$处激光的光强，为了便于分析，我们选择吸收谱线的中心频率v_0作为$\overline{v_0}$。在方程（2.4）中，SF_1和SF_2分别是在扫描频率F作用下激光器光强和频率的对应关系中一次项和二次项的拟和系数，其单位分别是$1/cm^{-1}$和$1/cm^{-2}$，如图2.1所示。

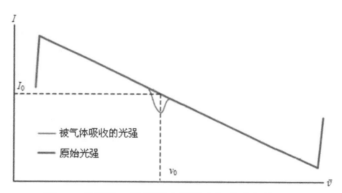

图2.1　典型的二极管激光器强度与光波长的关系

当同时考虑到调制电流对强度的影响时，激光器的光强与波长的关系公式可以改写为：

$$I_0(v) = I_0\left[1 + S_{F1}\left(v - \overline{v_0}\right) + S_{F2}\left(v - \overline{v_0}\right)^2 + s_f \Delta v_m \cos(\omega t)\right] \quad (2.5)$$

在上面的公式中，sf是在调制频率f的作用下的激光器光强与波长关系式的拟和系数，单位是$1/cm^{-1}$。根据比尔朗伯定律，如果原始光强为$I_0(v)$，则经过吸收率为$\alpha(v)$的气体吸收后得到的透射光强$I(v)$为：

$$I(v) = I_0(v)\exp\left[-\alpha(v)\right] \quad (2.6)$$

在本次实验中我们的激光器发射光谱所对应的CH_4气体的吸收线强为$10^{-21}cm/$

molecule数量级（见本章末节），而气室长度为20 cm，则当气体浓度不高时，满足$\alpha(v)=\phi(v-v_0)CL\ll0.1$时，方程（2.6）可以被近似写为：

$$I(v) = I_0(v)\left[1-\alpha(v)\right] \qquad (2.7)$$

若透射光强被宽带光探测器所检测，则产生的正比于光强的电信号为：

$$I_D(v) = KI_0\left[1+S_{F1}\left(v-\overline{v_0}\right)+S_{F2}\left(v-\overline{v_0}\right)^2+s_f\Delta v_m\cos(\omega t)\right]$$
$$\cdot\left\{1-\alpha\left[\overline{v}-\Delta v_m\cos(\omega t+\psi)\right]\right\} \qquad (2.8)$$

方程（2.8）中，K是探测器的光电增益，如果把吸收系数$\alpha(v)$展开为傅立叶级数的形式，可以得到：

$$\alpha(v) = \sum_{n=0}^{\infty}a_n(v)\cos(n\omega t)+\sum_{n=0}^{\infty}b_n(v)\sin(n\omega t) \qquad (2.9)$$

其中余弦信号的系数$a_n(v)$的表达式为：

$$a_0(v) = \frac{1}{2\pi}\int_{-\pi}^{+\pi}\alpha(v)d(\omega t) \qquad (2.10)$$

$$a_n(v) = \frac{1}{\pi}\int_{-\pi}^{+\pi}\alpha(v)\cos(n\omega t)d(\omega t) \qquad (2.11)$$

在波长调制光谱法中，$ID(v)$会进入锁相放大器进行过程如下的信号处理过程：首先，需要扣除信号的背景噪声，然后$ID(v)$分别与$Ar\cos(n\omega t+\theta)$、$Ar\sin(n\omega t+\theta)$在两个独立的相敏检波器中相乘（n是谐波组分的阶数，θ是检测相位，Ar是参考信号的幅值），锁相放大器的基本结构如图2.2所示。

对方程（2.8）给出的$ID(v)$的表达式进行傅立叶展开，得到的两个相敏检波器输出的信号中都包含一个与时间t有关的项和一个直流分量，其中的直流分量又分别正比于$A_r a_n(v)\cos(\theta)$和$A_r b_n(v)\sin(\theta)$；然后，相敏检波器的输出信号经过低通滤波环节，则与时间有关的分量将会被消除，余下的直流分量分别从X通道和Y通道输出。从X通道输出的信号与$A_r a_n(v)\cos(\theta)$成正比，被称为同相信号；从Y通道输出的信号与$A_r b_n(v)\sin(\theta)$成正比，被称为正交信号。不论是同相信号还是正交信号，都可以在波长调制光谱学中用于标定气体浓度，下面我们就以同相信号为例来进行分析讨论。综合前面的公式，与锁相放大器输出的光探测器信号$ID(v)$同相的信号可以写为：

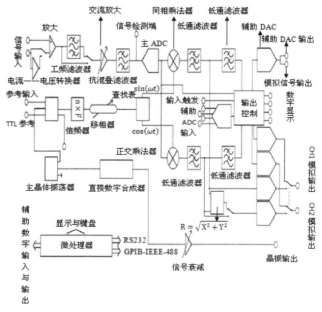

图2.2　典型的锁相放大器的基本结构（*Signal Recovery*公司的*Model*7265）

$$I_{nf,p}(v) = \frac{A_r K I_0 \cos(\theta)}{2}\{1 + S_{F1}(v - v_0) + S_{F2}(v - v_0)^2 a_n$$

$$+ \frac{s_f \Delta v_m}{2}(a_{n+1} + a_{n-1})\} \qquad (2.12)$$

这里，$I_{nf,p}(v)$是光探测器信号的同相信号的n次谐波分量，如前面所提到的，吸收率$\alpha(v)$可以被写为

$$\alpha(v) = \alpha\left[\bar{v} - \Delta v_m \cos(\omega t + \psi)\right]$$

$$= S(T)\phi\left[\bar{v} - v_0 - \Delta v_m \cos(\omega t + \psi)\right]LP_{abs} \qquad (2.13)$$

这样，通过以上方程就能把谐波分量和待测气体的分压力联系起来。此时，存在的最大困难是如何准确地获得线形函数。如前面章节已经提及过的，最准确的线形函数是以Voigt函数的形式给出的，即洛伦兹函数和高斯函数的卷积，其定义为：

$$\phi_V(v - v_0) = AK(x, y)$$

$$A = \frac{1}{\Delta v_D}\sqrt{\frac{\ln(2)}{\pi}}$$

$$K(x,y) = \frac{y}{\pi} \int_{-\infty}^{+\infty} \frac{\exp(-t^2)}{y^2 + (x-t)^2} dt$$

$$y = \frac{\Delta v_L}{\Delta v_D} \sqrt{\ln 2}$$

(2.14)

$$x = \left[(v - v_0)/\Delta v_D\right] \ln 2$$

在公式（2.14）中，v_L和v_D分别是中心波长为v_0的跃迁谱线由于压力展宽和温度展宽效应所产生的半宽度，时间t是积分变量。在温度为T、分子质量为M的情况下，分子多普勒半宽为

$$\Delta v_D = 3.581 \times 10^{-7} v_0 \sqrt{T/M}$$

(2.15)

公式（2.14）中的积分不存在解析解，因此一般情况下我们需要近似计算。通常，我们利用Whiting给出的公式来对Voigt函数进行近似计算。根据Voigt曲线的特征，线强$S(T)$与线形函数$\phi(v-v_0)$的乘积，即吸收截面$\sigma_V(v)$，它的表达式为：

$$\sigma_V(v) = \sigma_V(v_0)\{(1-x)\exp(-0.693y^2) + \frac{x}{1+y^2}$$
$$+ 0.0016(1-x)x[\exp(-0.0841y^{2.25}) - \frac{1}{1+0.0210y^{2.25}}]\}$$

(2.16)

这里$x = \Delta v_L/\Delta v_D$、$y = (v-v_0)/\Delta v_V = |\bar{v} - v_0 - \Delta v_m \cos(\omega t + \psi)|/\Delta v_V$。$\Delta v_V$是Voigt线形半宽度，其定义为：

$$\Delta v_V = 0.5346\Delta v_L + (0.2166\Delta v_L^2 + \Delta v_D^2)^{0.5}$$

(2.17)

在方程（2.16）中，$\sigma V(v_0)$是吸收谱线中心频率v_0处的吸收截面，可以利用如下公式计算

$$\sigma_V(v_0) = \frac{S(T)}{2\Delta v_V(1.065 + 0.477x + 0.058x^2)}$$

(2.18)

通过分析计算可以发现，当洛伦兹半宽（或高斯半宽）为零时，相应的Voigt函数将会转变为高斯函数（或洛伦兹函数）。

2.2 n次谐波信号的同相分量的性质

接下来，我们将对谐波信号$I_{nf,p}(v)$的一些重要性质进行深入研究。为了使分析说明的过程更加具体和直观，我们将针对不同的条件，如有无强度调制、谐波的次数、检测与参考信号的相位差等，通过计算以及软件仿真对谐波信号的幅值与波长的关系进行研究与讨论。

2.2.1 消除强度调制后$I_{nf,p}(v)$的同相信号的性质

当无强度调制干扰时，锁相放大器输出的光探测器信号$I_D(v)$的同相信号为：

$$I_{nf,p}(v) = \frac{A_r K I_0 \cos(\theta)}{2} a_n \qquad (2.19)$$

此时，输出的电信号只唯一是光强I_0、吸收系数$\alpha(v)$、光电增益K、参考信号幅值A_r以及检测相位θ的函数，而与其他变量无关，将公式（2.11）代入公式（2.19），则公式（2.19）被改写为：

$$I_{nf,p}(v) = \frac{A_r K I_0 \cos(\theta)}{2\pi} \int_{-\pi}^{+\pi} \alpha \left[\bar{v} - \Delta v_m \cos(\omega t + \psi) \right] \cos(n\omega t) d(\omega t) \qquad (2.20)$$

在此我们定义的调制系数为m，$m = \Delta v_m / \Delta v_v$，以二次谐波为例，对于不同的调制系数，仿真得到的谐波的波形如图2.3。公式（2.20）表明，只有当调制系数比较小时，$I_{nf,p}(v)$才与吸收线形的n阶导数成正比，否则，它将不再与吸收线形的n阶导数成正比，但从图中可以看到，其形状仍然与吸收线形的n阶导数很相似。

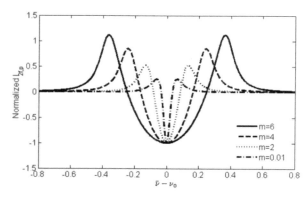

图2.3　无强度调制时$I_{2f,p}(v)$在不同的波长调制系数下的波形

由于方程（2.20）中的吸收率$\alpha(v)$关于固有频率v_0对称，因此对于偶数次谐波（n=2、4、6……），$I_{nf,p}(v)$关于固有频率v_0轴对称；而对于奇数次谐波（n=1、3、5……），$I_{nf,p}(v)$关于固有频率v_0中心对称。利用$I_{nf,p}(v)$的对称性，我们可以得到以下重要的结论：当谐波次数n为偶数时，$I_{nf,p}(v)$的幅值在频率$v=v_0$处为最大；当谐波次数n为奇数时，$I_{nf,p}(v)$的幅值在频率$v=v_0$处为零。图2.4和图2.5给出了$I_{nf,p}(v)$的一至六次谐波分量，通过观察我们很容易发现谐波分量的幅值与对称性特点。

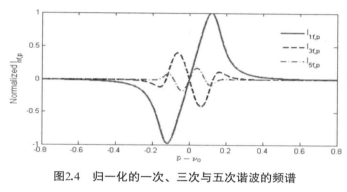

图2.4　归一化的一次、三次与五次谐波的频谱

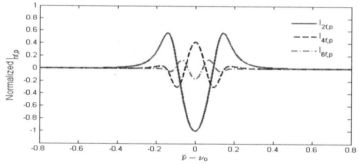

图2.5　归一化的二次、四次与六次谐波的频谱

一般情况下，为了便于定标，我们通常选择偶次谐波的峰值来表征气体的浓度值。出于降低检测下限并获得较高的灵敏度的目的，我们希望得到大的谐波信号幅值和小的1/f噪声，然而这本身是存在矛盾的。因为随着谐波次数的增大，谐波的幅值会变小，但与此同时探测器的1/f噪声也随之减小；反过来，随着谐波次数的减小，谐波的幅值会变大，但与此同时探测器的1/f噪声也随之增大。具体对谐波次数的选择可以通过实验得到，通常我们可以选择二次谐波作为被测量的信号。

此外，谐波信号的幅值与检测相位也有很密切的关系，这是它的又一个重要性质。谐波信号幅值取得最大值和最小值所对应的检测相位能够直接由方程（2.20）中$I_{nf,p}(v)$表达式推导得到。根据$I_{nf,p}(v)$的定义，其幅度正比于含有$\cos(n\omega t+n\psi)$和$\cos(n\omega t+\theta)$项的两个余弦信号的乘积。使谐波信号幅值取得最大值和最小值的检测相位由以下公式给出：

$$\theta_{n,\max} = n\psi + k\pi$$

$$\theta_{n,\min} = n\psi + (2k+1)\pi/2 \qquad （2.21）$$

下面我们以更直观的形式来说明光探测器输出的同相信号的第n个分量，即$\cos(n\omega t+n\psi)$在锁相放大器中的主要信号处理过程。前面已经提到过，待测信号在锁相放大器中最主要的两个处理过程一是相敏检波（即与参考信号作乘法运算），二是低通滤波（也可以理解为信号的积分运算）。假设参考信号为$B\cos(n\omega t+\theta)$，而待测信号为$A\cos(n\omega t+n\psi)$，则对应不同的检测相位（0°、45°、90°、135°和180°），相敏检波环节和低通滤波环节输出的信号分别如图2.6~图2.10所示。

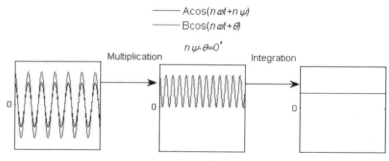

图2.6　检测相位为0°时相敏检波环节和低通滤波环节输出的信号

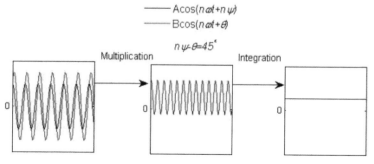

图2.7　检测相位为45°时相敏检波环节和低通滤波环节输出的信号

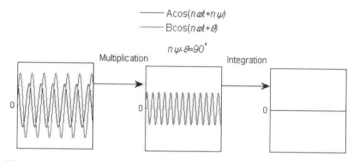

图2.8　检测相位为90°时相敏检波环节和低通滤波环节输出的信号

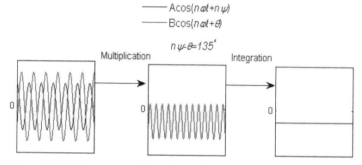

图2.9　检测相位为135°时相敏检波环节和低通滤波环节输出的信号

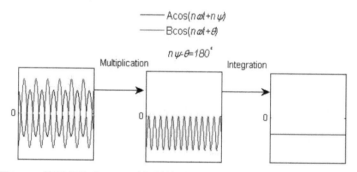

图2.10　检测相位为180°时相敏检波环节和低通滤波环节输出的信号

　　在此基础上，通过软件仿真得到的一至六次谐波信号与波长的关系如图2.11至图2.16所示。从图中可以看到，在检测相位$n\psi-\theta=\pi/2$时，谐波信号的幅值为零。在检测相位$n\psi-\theta=0$或π时，谐波信号幅值的绝对值最大。

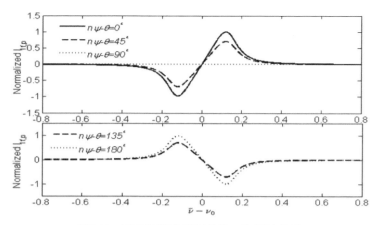

图2.11　对应不同检测相位的一次谐波信号

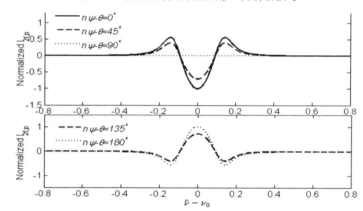

图2.12　对应不同检测相位的二次谐波信号

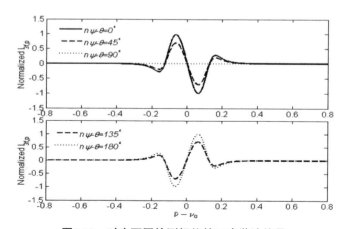

图2.13　对应不同检测相位的三次谐波信号

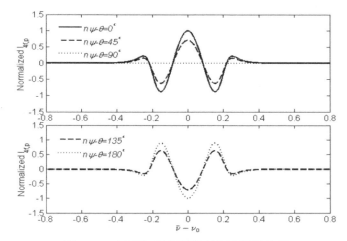

图2.14 对应不同检测相位的四次谐波信号

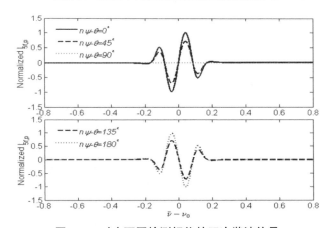

图2.15 对应不同检测相位的五次谐波信号

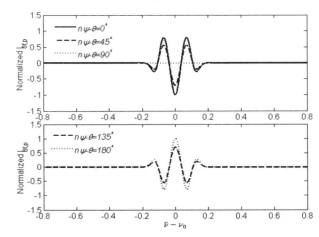

图2.16 对应不同检测相位的六次谐波信号

下面，将研究不同的调制深度对$I_{nf,p}(\nu)$峰值产生的影响。随着调制深度的变化，谐波信号的峰值也随之变化，这也是谐波信号的一个重要特点。无论检测相位是否处于最佳的状态，都存在一个最优的调制深度m以使偶次谐波信号的峰值最大，如图2.17至图2.22所示。在此，为了使仿真更加接近实际，我们分别利用洛仑兹、高斯与Voigt函数对二次谐波进行了分析。在仿真中，假设压力展宽和温度展宽效果相当，即$\Delta\nu_L = \Delta\nu_D$。

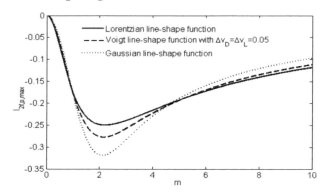

图2.17　检测相位为0°时二次谐波信号峰值与调制系数的关系

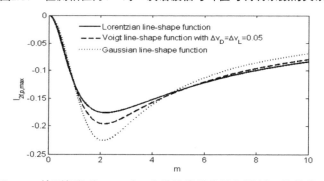

图2.18　检测相位为45°时二次谐波信号峰值与调制系数的关系

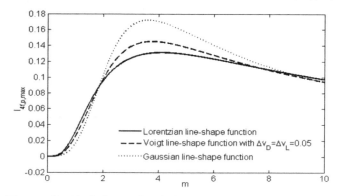

图2.19　检测相位为0°时四次谐波信号峰值与调制系数的关系

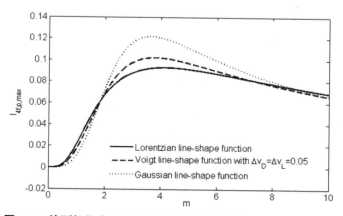

图2.20　检测相位为45° 时四次谐波信号峰值与调制系数的关系

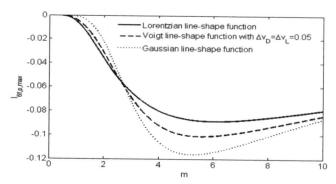

图2.21　检测相位为0° 时六次谐波信号峰值与调制系数的关系

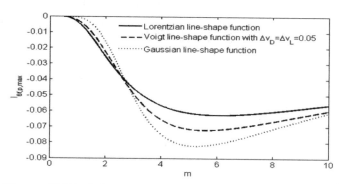

图2.22　检测相位为45° 时六次谐波信号峰值与调制系数的关系

通过观察图2.17至图2.22，发现对应二、四和六次谐波，使$I_{nf,p}(v)$峰值信号最大的调制系数分别为2.2、3.6和5.3。

2.2.2 伴随着强度调制的$I_{nf,p}(v)$的同相信号的性质

如前面所提到的，当二极管激光器的注入电流被调制时，对应的发射光波长和光强度都将受到调制。为了更好地理解强度调制，这里将在同时考虑波长调制和强度调制的情况下，对同相信号$I_{nf,p}(v)$的性质继续进行深入研究。

在考虑强度调制的情况下，$I_{nf,p}(v)$的频谱将不再关于中心频率v_0轴对称或中心对称（分别当n为偶数或奇数时）。产生这种变化的原因有两方面：首先，当发射光的中心波长由于电流调谐而产生变化时，实际上光强也发生了变化。进而，根据这种变化，纯粹的波长调制的频谱必须再和一个能表达$I_0(v)$随v变化特点的函数相乘。这里，我们引入一个用于表达$I_0(v)$随v变化特点的周期性函数，如方程（2.4）。在调谐范围较小时，光强随电流线形变化，此时可以忽略二次项，只保留一次项；第二个原因，除了电流的调谐作用使光强产生变化，电流的调制作用也对光强造成了影响。这里定义电流调制作用下产生的光波长的调制幅度为Δv_m，同时产生的光强的调制幅度为$s_f\Delta v_m$。通过方程(2.12)可知，$s_f\Delta v_m\cos(\omega t)$这一项是使$I_{nf,p}(v)$的峰值发生变化的根本原因。这种变化的结果是，$I_{nf,p}(v)$的频谱不再正比于吸收率$\alpha(v)$的$n$次谐波。通过简单的因式分解过程，可以发现在这种情况下，$I_{nf,p}(v)$将正比于吸收率$\alpha(v)$的$n-1$次、n次以及$n+1$次谐波的线形组合。由于我们实际的波长调谐范围较小（小于3cm^{-1}），因此我们可以采用一个线性的模型来描述电流调谐所产生的光强度调制的效果。图2.23至图2.28对电流调谐和调制作用所引起的光强调制对偶次谐波$I_{nf,p}(v)$频谱的影响进行了说明，为简单起见，我们将检测相位设为最佳相位，调制深度设定为各偶次谐波的最大值。

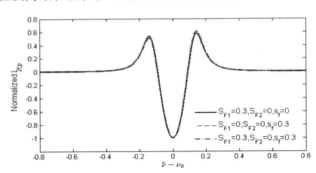

图2.23 电调制系数（S_{F1}, S_{F2}, s_f）较小时二次谐波的频谱

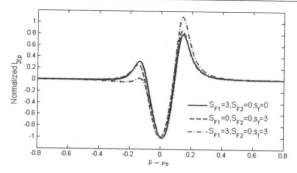

图2.24　电调制系数（S_{F1}, S_{F2}, s_f）较大时二次谐波的频谱

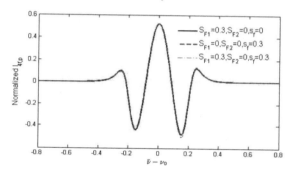

图2.25　电调制系数（S_{F1}, S_{F2}, s_f）较小时四次谐波的频谱

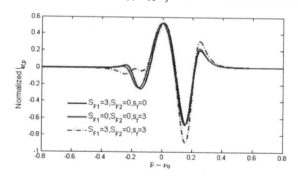

图2.26　电调制系数（S_{F1}, S_{F2}, s_f）较大时四次谐波的频谱

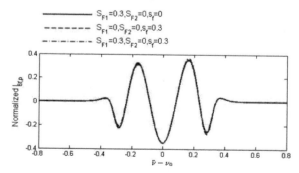

图2.27　电调制系数（S_{F1}, S_{F2}, s_f）较小时六次谐波的频谱

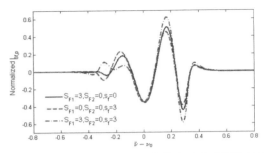

图2.28　电调制系数（S_{F1}, S_{F2}, s_f）较大时六次谐波的频谱

2.3　消除强度调制的一般办法

目前常用的消除强度调制现象的办法是谐波比值法，即同时对光电探测器输出的两个谐波分量进行测量，然后对测得的信号执行除法运算，这样可以消除系统中光强等变量带来的干扰。因为二次和一次谐波是各次谐波中幅值最强的两个，所以利用一次谐波信号对二次谐波信号进行归一化处理，能够获得较高的信噪比。根据公式（2.12），得到二次谐波和一次谐波的公式分别是：

$$I_{2f,p}(v) = \frac{A_r K I_0 \cos\theta}{2}\{[1 + S_{F1}(v - v_0) + S_{F2}(v - v_0)^2]a_2$$
$$+ \frac{s_f \Delta v_m}{2}(a3 + a1)\} \qquad (2.22)$$

$$I_{1f,p}(v) = \frac{A_r K I_0 \cos\theta}{2}\{[1 + S_{F1}(v - v_0) + S_{F2}(v - v_0)^2]a_1$$
$$+ \frac{s_f \Delta v_m}{2}a_2 + a_0 \qquad (2.23)$$

以上二者的比值为：

$$I_{rat}(v) = \frac{[1 + S_{F1}(v - v_0) + S_{F2}(v - v_0)^2]a_2 + \frac{s_f \Delta v_m}{2}(a_3 + a_1)}{[1 + S_{F1}(v - v_0) + S_{F2}(v - v_0)^2]a_1 + \frac{s_f \Delta v_m}{2}a_2 + a_0} \qquad (2.24)$$

在公式（2.24）中，一切和气体浓度无关的变量，如检测相位、锁相放大器参考信号电压幅值以及探测器的光电增益都被消除了。剩下的量如电调制系数（S_{F1}, S_{F2}, sf）、调制深度 Δvm 以及傅里叶展开式的分量（a_0、a_1、a_2 与 a_3），是激光器本身以及选定的吸收谱线的参数，其值固定不变。而若要实现谐波比值信号与浓度信号的对应，则需要对这些量进行具体计算，这项工作过程繁琐，且实现过程比较困难。

第三章　光路与电路设计

3.1　光学部分与配气系统的设计

　　一种典型的空间型双光路结构与配气系统的结构如图3.1所示，从激光器发出的光经过光纤适配器后进入光学系统。然后，经过光隔离器进入按照1:1比例分束的光纤分束器中被一分为二，其中一路为主光路，另一路为参考光路。光隔离器的作用是只允许光的单向传输，这也是为了减小反射损耗。

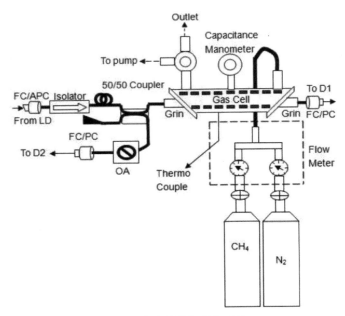

图3.1　光路结构与配气系统

　　参考光路的引入是为了进行信号参比以消除光强波动以及其他系统的共性噪声对检测所造成的影响。加可变光衰减器的目的有两个：一是为了调整参考光强，使无气体时输出信号为零；二是为了对光强进行必要衰减以避免它对参考探测器的光敏面造成损伤。主光路的光束从分束器输出后，经准直器被耦合进入气室中。从准直器输出后，由另一个光纤适配器接头进入光电探测器中，转为待处理的电信号。

在配气方式上，出于提高精度的考虑，我们选择了动态配气的方式。实验时，我们要首先利用氮气对气室进行清洗，之后抽真空。当接在气室上的压力计读数稳定后，此时表明气室内部接近于真空。开启装有待测气体的气瓶与氮气瓶的阀门，过几分钟后，旋转气室左侧的阀门关闭真空泵连接口，使气体自然外排。待气室上的压力表读数再一次达到稳定时，表明气室内部的气体混合比已经动态平衡。我们可以通过连接在三通上的两个流量计（虚线框内）来确定N_2与待测气体的混合比例。下面的章节将重点介绍气室及部分光学元件。

3.1.1 光学部分

3.1.1.1 光隔离器

光隔离器是一种无源器件，它只允许光单向通过，当从相反的方向传输时，光将会被阻挡，它在光路中的作用和二极管在电路中的作用很相似，因此我们又可以称光隔离器为光二极管。我们使用光隔离器，目的是为了避免反馈光反射回光谐振腔中。光隔离器的工作原理是法拉第效应。在此简单介绍一下法拉第电磁转动效应：在1845年，法拉第发现非旋光性材质发出的光经过磁场的时候，会由于磁场与光的相互作用，而使该物质所发出的光的偏振方向产生改变，因此也叫做法拉第磁致旋光效果。光隔离器的结构原理如图3.2所示，图中描述的是一种在线式光隔离器的基本结构，它的光入射端和光出射端由两个光准直器构成，靠近光准直器有两片$Li Nb O_3$楔形片，位于两片楔形片中间的是法拉第旋转器。准直器、楔形片、旋转器的外围包裹着一个磁套管。

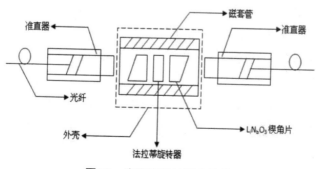

图3.2 光隔离器的基本结构

　　光隔离器最主要的部件是法拉第旋转器。光在磁场中传输时，假设磁场强度为B，旋转器材料的菲尔德常数为v，d为旋转器的长度，则光的偏振方向旋转角度β满足公式（3.1）：

$$\beta = vBd \qquad\qquad (3.1)$$

　　根据光的不同偏振态，可以把光隔离器归类为以下两种：一种是偏振无关型光隔离器，另一种为偏振相关型光隔离器。下面加以具体介绍：

　　（1）偏振相关型光隔离器：又称之为法拉第隔离器，它由三个部分组成：起偏器（正交极化）、法拉第旋转器、检偏器（45度角极化），结构如图3.3所示。当光从正方向传输时（由左至右），光首先被起偏器垂直极化，然后经过法拉第旋转器（极化角度设置为45度）右旋45度，最后从极化角度45度的检偏器输出。当光从反方向射入时，首先被输出极化器进行 45度角极化，经过法拉第旋转器再次被极化45度，此时的光束极化方向为水平，与起偏器极化方向呈90度角，导致了光无法从起偏器输出，这样就实现了单向传输。偏振相关型光隔离器一般应用于自由空间光学系统。

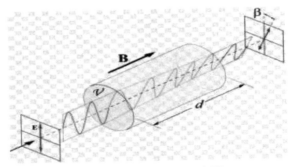

图3.3　偏振相关型光隔离器

　　（2）偏振无关型光隔离器：也由三个部分组成：输入端双折射楔形片（常规极化方向为垂直方向，特异极化方向为水平方向）、法拉第旋转器、输出端双折射楔形片（常规极化方向为45度，特异极化方向-45度）。正向传输时，光束被输入端双折射楔形片一分为二，一束方向为纵向（常规光束，o-ray），另一束方向为水平（特异光束，e-ray）。经过法拉第旋转器时，这两束光都被右旋45度。这样，常规光束的方向与法线方向夹角为45度，而特异光束与法线夹角为-45度，刚好可以被输出端双折射楔形片合并。当反方向传输时，经过输入端双折射楔形片之后，o-ray角度为45度，而e-ray角度为-45度。经过法拉第旋转器后，o-ray角度为90度，而e-ray角度为零度。最后经过输出端双折射楔形片之后，它们无法像正向传输时那样合二为一，而是以平行光的形式输出。典型的偏振无关型光隔离器两侧都有光准直器，这样，正向传输时合并后的光束能够以很小的损耗从准直器输出，而反向输出的平行光无法聚焦进入准直器，也就无法输出。偏振无关角度为90度，而e-ray角度为零度。最后经过输出端双折射楔形片之后，它们无法像正向传输时那样合二为一，而是以平行光的形式输出。典型的偏振无关型光隔离器两侧都有光准直器，这样，正向传输时合并后的光束能够以很小的损耗从准直器输出，而反向输出的平行光无法聚焦进入准直器，也就无法输出。偏振无关型光隔离器的结构图如图3.4（蓝线为正向传输，红线为反向传输）。偏振无关型光隔离器多用于内联式光学系统中。

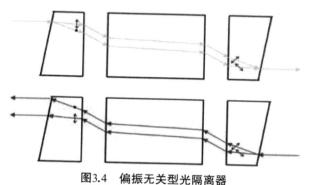

图3.4　偏振无关型光隔离器

3.1.1.2　光纤连接器

光纤连接器是光纤与光纤之间实现组装与拆分的部件，它负责对光纤的两个端口进行精确对准，从而保证发射端光纤输出的光波能以最低的衰减耦合到接收端的光纤中，进而使整个系统的链路损耗达到最小化。在很大程度上，光纤连接器直接影响了光学系统的可靠性等各项性能指标。

光纤连接器按其传输介质的不同可归类为一般的以S_iO_2光纤为媒质的单模、多模连接器，以及利用一些特殊材料作为媒质（如塑胶）的光纤连接器。按接口连接方式，可归类为：FC、SC、ST、LC、D4、DIN、MU以及MT等类型。其中，ST型连接器通常用于连线设备端，如光纤配线器、光收发模块等；而SC和MT型连接器普遍在网络终端出现。按光纤截面工艺分有PC型和APC型；按光纤内部纤芯多少归类又有单芯和多芯之别。目前业内比较通用的是根据接口连接方式与光纤截面工艺对其进行划分。本次设计中用到的光纤接头为FC/PC和FC/APC两种，可以通过尾端塑料套的颜色（PC型为黑色，APC型为绿色）对二者加以区分，如

图3.5所示。这里的FC是ferrule contactor的英文缩写，即钢制的金属套管（光纤连接器与电缆连接器的一个区别就是金属材料不同，电缆连接器一般以铜为制作原材料，力求导电性好；而光纤连接器不需要导电，况且铜硬度不够、价格高且容易氧化）。

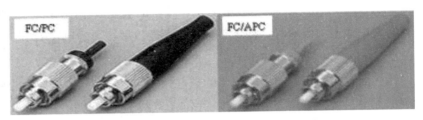

图3.5　FC／PC型和FC／APC型光纤接头

PC的意思是紧密接触（physical contact）。根据回波损耗的不同，PC型连接器又可细化为PC、SPC和UPC。SPC指的是super physical contact，而UPC则更进一步：ultra-physical contact。工业标准规定的PC、SPC和UPC回波损耗分别小于-35dB、-40dB和-50dB（回波损耗是指传输过程中经连接器端面反射回光振荡腔中的光强和原始光强的比，这个值越小越好）。不同的连接器原则上不能混合相接，但由于PC、SPC和UPC的光纤端面都是水平的，差别仅在于研磨的光滑程度，因此，PC、SPC和UPC的混合连接一般不会对光纤端面造成硬性损伤。

APC则不然，它的端面被磨成一个斜8度角，目的就是减少光反射，其回波损耗工业标准为-60dB。APC连接器只能与APC连接器相连接，由于APC的截面形状和PC完全不同，如果用法兰盘将这两种连接器连接，就会损坏连接器内光纤的端面。鉴于此，我们可以利用光纤跳线来实现APC光纤接头转PC光纤接头。

3.1.1.3　光衰减器

光衰减器是一种在自由空间或者光纤中用于对光信号的功率进行限制的设备，它一般应用于光通信中。在光纤通讯系统使用的用于实现不同功能的光衰减器，其工作原理也不相同。举例来说，那些利用间隙损耗原理工作的光衰减器，对于衰减器之前的模态分布十分敏感，通常在放置时应尽量靠近发射端，否则实际引入的光衰减量将会小于我们的目标值；而基于吸收或反射原理工作的光衰减器则不需要考虑上述问题。由于气隙很容易因表面被灰尘覆盖等原因产生改变，所以，基于掺杂工艺等技术的没有气隙的光衰减器的长期稳定性要优于带有气隙结构的产品。

光衰减器的基本类型包括固定式、阶梯可调式以及连续可调式光衰减器。如果按照光衰减器在光学系统中的接入点来加以区分，又可分为内联式光衰减器和外联式光衰减器。内联式光衰减器一般集成于跳线中，外联式光衰减器实质上是一个阴阳适配器，它可以用于光纤和光纤之间的互联。光衰减器既可以通过暂时性地引入一个已知的损耗量来对阈值功率水平进行测试，又可以永久性地安装在系统中，从而对输入和输出级进行匹配。

可调式光衰减器由于其衰减量连续可控，因而易于调整、应用较多。引入可调式光衰减器的目的是对输入的光功率以一种可控的方式进行衰减，进而产生强度不同的输出功率。可调式光衰减器在现代光互连通信网络中扮演了重要的角色，在光纤通讯系统中，它广泛用于控制光功率水平，防止由于异常功率波动对光接收器造成损坏。当光功率发生波动的时候，可调式光衰减器、输出功率探测器、反馈环协同工作，目的是实时调整衰减量从而保持光功率以一个相对稳定的水平输入到光接收器中。对光衰减量的控制，可以通过很多不同的方法来实现。例如使光束经过可变衰减滤波器、使光纤环路放射状弯曲以改变环路内损耗、利用热量改变包层材料的折射率、通过在光路中插入一个阻光挡板来实现对光的部分阻隔。

可调式光衰减器在许多场合有着不同的用途：在波分复用网络中对光放大器的增益进行控制；在交叉节点处实现信道功率的动态调节与均衡；在网络监控中实现通道消隐以及信号衰减，以防止探测器饱和；当光源为激光二极管时，引入可变光衰减器，在不改变光源驱动电流的前提下来改变光强，这样做的目的是为了不让光波长和线宽随之改变；如果将可变光衰减器设置在两个掺铒光纤放大器之间，则可以对由于泵浦源功率变化而产生的增益失衡进行补偿；可调式光衰减器和解调器配合使用，可以对多个光通道的功率水平逐一调整，以此实现增益均衡，用于维持整个光网络的所有通道均有较好的信号质量。这在设置多级光放大器的长途网络中显得尤为重要；此外，当光通道数变化时，光功率也会随之变化。为了对这种变化进行补偿，需要引入光分接复用器和光跨接开关，二者的连接需要由可调式光衰减器来实现。可变光衰减器一般由位于输入波导与输出波导之间的自由空间的阻塞结构组成，阻塞结构在自由空间中的位置和角度决定了衰减的程度。可变光衰减器可以电控或者手动调节。电控光衰减器内部有一个电控单元，相比手动调节的光衰减器，它对于信号衰减程度的控制更加精确，因此在光通信系统及光网络中应用广泛。

可调光衰减器有多种不同的制作工艺。以制造工艺分类，市售的光衰减器主要包括以下几种：利用步进马达或磁光晶体的光学机械型可调光衰减器、基于波导技术的光衰减器、基于液晶技术的光衰减器以及利用MEMS（微机电系统）技术的光衰减器。MEMS光衰减器实际上是借助在经过薄膜工艺处理后的基底材料（例如硅）上形成一个微观结构以实现光衰减。机械可调式光衰减器通过移动光纤、平面镜、极化器等来控制光耦合效率，进而实现对光衰减量的控制。单个MEMS光衰减器上有一个或多个人造镜片，每块镜片的倾斜角度都可以由电信号（电压或电流）进行控制。MEMS 结构紧凑小巧，便于集成在微型模块中。光电机械式光衰减器的制作工艺分为以下两种：一种是使两段光纤间隔很小的间距。在这段间距内，机械性移动变量吸收滤波器或屏蔽膜，进而达到吸收或阻挡部分入射光的目的；另一种技术则通过组合两个边抛光型光纤并控制它们之间的间距，以调整通过的光强。光学机械式可变光衰减器可以利用步进电机或磁光晶体驱动活动挡板或阻光块儿，从而部分阻挡或者全部阻挡进入光路的光，最终实现连续而稳定的光衰减。

然而，由于步进电机和电磁线圈体积庞大，使光学机械式可变光衰减器无法设计得很小巧，因此无法满足多通道集成化的要求。电光可调式光衰减器或热光可调式光衰减器通过改变电场强度或者温度来调整材料的折射率，进而实现对衰减程度的控制。因此，制造电光或热光衰减器的关键问题之一是提供足够的光学应用材料。热光—光波导型光衰减器利用可集成于光路中的热光调制器或热光开关的工作特性来实现其衰减功能。

目前，采用硅和聚合物材料的光衰减器能够以毫秒级的运行速度精确控制光衰减的程度，且功率不超过1瓦。波导和液晶可变光衰减器，适合用于多通道集成化光路中，但它们不能提供连续而稳定的光衰减，表现的具体形式为高插入损耗、高偏振相关损耗、高偏振模色散以及对环境温度的敏感性。

3.1.1.4　光分束器

光分束器是一种可以把输入光束以相同或不同比例分为两束或者多束的设备。光分束器具有多种不同的类型，而且用途也不尽相同，可以应用于干涉仪、自动相关器、相机、投影仪、以及激光系统中。下面我们来介绍一下几种典型的光分束器：

（1）电介质平面镜分束器（图3.6）：任何部分反射平面镜都可以用于对光束进行分离，在激光技术中，电介质平面镜的作用就在于此。可以把决定出射光分离角度的镜面倾角设置为 45度，这样实现起来比较方便。当然出于一些特殊的考虑，也可以设置为其他的角度，通过改变电介质涂层材料可以实现不同的分束比。大体上，分光镜的反射率取决于入射光束的偏振态。这样的设备可以优化使其功能类似于薄膜起偏器：在一个波长范围内，具有特定偏振态的光几乎全部被反射，而不同偏振态的光则几乎全部能够通过。另一方面，也可以最小偏振相关性为目的进行设计，从而得到偏振无关型的光分束器。电介质平面镜的反射率具有很强的波长依赖特性，将这一特性用于双向的色分束器中，可以实现对光束中不同的光谱成分的分离。例如，在光倍频器之后设置一个电介质平面镜分束器以提取剩余泵浦光的谐波组分，这种提取的原理所利用的是光谐波组分的波长或极化率不同的特点。

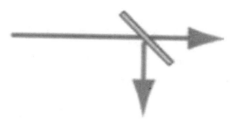

图3.6　电介质平面镜分束器

（2）立方体分束器（图3.7）：这种分束器在外形上是一个立方体，光束的分离发生在立方体的接口截面上。它通常由两块三角形的玻璃棱镜利用透明树脂或者水泥粘合而构成。对于给定的波长，改变接口截面的厚度可以改变分束比。采用具有双折射性质的晶体媒介来取代玻璃，使Wollaston和Nomarski等多种不同类型的棱镜的设计成为了可能。这样，从接口截面出射的两束光的夹角将不再被限定为90度，而可以是一些其他的值（典型值在15度到45度之间）。此外，双折射性质的晶体媒介还可以设计出Glan–Thompson或Nichol型棱镜（后者形状为菱形）。除此之外，也可以在立方体内应用多层涂层，这样进一步拓宽了设备的工作带宽，进一步改变了偏振特性等属性。立方体分束器的应用不只局限于简单的光束中，它也可以对携带有图像信号的光束进行处理（应用于照相机或投影仪中）。

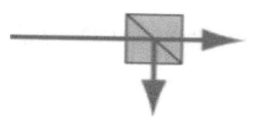

图3.7　立方体分束器

（3）光纤分束器（图3.8）：各类光耦合器都可以作为光纤分束器使用。这样的设备可以通过光纤熔接构成，具有两个或多个输出端口。至于大型设备，分束比对输入光波长与极化性是否具有强依赖性是能够选择的。光干涉仪或光学相干断层扫描仪等仪器通常会用到光纤分束器，具有多输出端的光纤分束器一般在光纤网络中负责将数据源所发出的信息分配给多个子用户（例如有线电视网络）。

图3.8　光纤分束器

此外，还有许多其它类型的光分束器，例如金属镜光分束器、薄膜光分束器、波导分束器等，这里就不详细介绍了。在应用光分束器时，我们需要充分了解光分束器的特性。首先，分束的比例是波长和极化率的函数，这是光分束器最基本的性质，除此之外还有以下几点：

（1）不同类型光分束器的光损耗大不相同。举例来说，表面涂层为金属材料的光分束器具有很大的损耗。而相比之下，双向色涂层对光的损耗则几乎可以忽略；

（2）光损耗还和损伤阈值有关，这个性质在使用Q开关激光器时显得尤为要；

（3）对于大型设备，通常会需要较大的孔径。这样在光路设计上就可以很方便地实现出射光的方向与输入光同方向或90度正交。最后需要注意的是进入到光分束器的入射光角度是有限制的，如果超出了允许的范围，那么光分束器将无法正常工作。

3.1.1.5　光纤

光纤是光波导的一种类型，它通常由不同类型的玻璃材料制成，长度可达几百公里。而且，可以以一定的角度弯曲（转弯半径），这是一般的光波导所不具备的。普通的光纤是以石英玻璃为原材料（纯石英玻璃或掺入部分杂质）制成的。石英玻璃具有一些特殊的性质，在这些性质中尤其重要的是在设计中超低传输损耗的理论可行性（使用超纯材料）以及在拉伸甚至弯曲过程中具有很强的韧性，因此它是制作光纤时被普遍选用的材料。

　　大部分在激光光学中应用的光纤，其纤芯的折射率比包层的折射率稍高。最简单的例子是阶跃折射率光纤，对于阶跃折射率光纤，纤芯和包层的折射率是固定不变的。纤芯和包层的折射率的比值决定了光纤的数值孔径，而且通常情况这个值都很小，因此光纤具有较强的导向性。射入光纤中的光大部分都会在纤芯中传输，由于光纤具有较强的导向性与极低的传输损耗，因此光纤中的光在很长的距离内其强度都维持不变。另一个在光导向中不常应用的原理是以光子能隙为基础的。例如，可以利用具有不同折射率的同心环设计双尺度布拉格平面镜以实现光的传导。光纤有许多重要的应用领域，下面重点介绍其中的几个：

　　（1）在光通信中，通常会利用光纤进行长距离的数据传输，此外光纤还能以很快的速度来输出大量的数据；

　　（2）有源光纤设备包含一些稀土掺杂光纤。例如光纤激光器，它可以产生不同波长的激光，而光纤放大器可以用来增强光功率以及放大微弱光信号；

　　（3）光纤传感器可以用来在建筑物、管道以及飞机两翼等处进行多点温度与压力测量；

　　（4）无源光纤负责把光源（照明光源、二极管泵浦激光器、有源光纤等）发出的光传输到其它节点，它的作用类似电线在电路系统的作用。因此，光纤在光子学技术领域中具有非常重要的地位。光纤的内部结构以及光进入和从光纤出射的过程如图3.9。

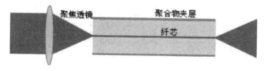

图3.9　光纤结构及光的入射与出射

　　光纤支持单一或多种导引模式，它们在光纤中传输时强度主要分布在纤芯及其周围（少部分强度分布于包层中）。单模光纤只能传输一种模式（两偏振态简并）的光，它的芯径很细（典型值为9到10μm），因此它具有模间色散小的优势，适合于长距离传输。但是，它对光源的光谱宽度、稳定性具有很高要求，即谱宽尽量窄、光波动尽量小。此外，光线必须经过精确聚焦，这样才能实现精确的模式匹配。

　　目前在通信中最为常用的单模光纤有两种，一是满足 ITU-T.G.652要求的非色散位移光纤，其零色散位于波长为1310nm的低损耗窗口区（衰减量为0.36dB/km），我国已架设的光纤光缆绝大部分是这类光纤。随着光纤光缆工程和半导体激光工艺的进一步发展，这种光纤的工作波长可拓展到更低损耗（0.22dB/km）的1550nm波长区域。二是满足ITU–T.G.653要求的色散位移光纤，其零色散波长移位到损耗极低的1550nm处，这种光纤在以日本为代表的一些国家中被普遍使用，我国京九干线上也有所选用。在气体传感器系统的设计中，我们所使用的是前者。

3.1.2 气室的设计

我们所设计的气室外形上是一个长方体，长度为20cm，高度和宽度都是4cm，内部圆柱形结构的设计目的为了抽真空时不留死角。气室两侧有两个用于聚光的渐变折射率透镜，顶端有一个进气口（外螺纹，长度3cm）、一个出气口（尺寸同进气口相同）以及一个气压计接口（内螺纹，长度2cm）。为了防腐蚀与生锈，整个气室采用不锈钢材料制作而成，外形及尺寸见图3.10。

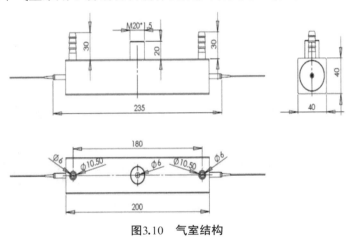

图3.10 气室结构

在光路系统中，系统损耗主要来自光在两条光纤之间的衰减，光纤与光纤能否精确对准直接影响到光信号的传输质量。对准过程中的偏差主要来自以下三方面：离轴偏差、角度偏差与轴向偏差，如图3.11所示。实际上，由于光纤的芯径很细(μm数量级)，因此即使对准过程设计得再仔细，也无法避免偏差的产生。当采用直接耦合时，离轴偏差是对准过程中偏差的主要来源，然后才是角度偏差和轴向偏差。通过光学器件，例如光纤准直器或者微透镜把一根光纤中的光耦合到另一根光纤中，所产生的损耗要远远小于直接耦合所带来的损耗。在这二者之中，使用较多的是光纤准直器。

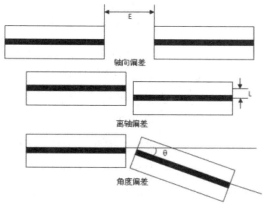

图3.11 光纤装配过程的误差

光纤准直器是一种无源型光器件，它由折射率变化的介质材料和单模尾纤构成。光纤准直器可以将光纤端面入射的发散光转变成平行光，或对外部的平行光束进行聚焦，最终达到减少光传输过程中衰减的目的。光纤准直器具有体积小巧、性能稳定、插入损耗小等优点，在光纤通信中有着重要的地位。现在普遍使用的光纤准直器可归类为以下三种：

（1）镜面折射率沿径向变化的透镜（Grin Lens透镜）：它又叫做自聚焦透镜，它内部的介质材料折射率变化等于四分之一节距（在自聚焦透镜内，光的传输路线与正弦曲线很接近，曲线的周期被称之为节距）。单模尾纤的端面呈斜8度角，以阻止光反向传输对前端有源器件所造成影响，自聚焦透镜的出射端面为一平面，以便于和其它光纤以及光学元件进行连接；

（2）镜面折射率沿轴向变化的透镜（C Lens透镜）：它的单模尾纤的端面也呈斜8度角，与Grin Lens透镜一样，不同之处在于它的透镜的出射端面不再为平面，而是呈一个略微凸起的球面。与Grin Lens透镜相比，它的插入损耗更低；

（3）镜面折射率固定的球状镜片（Ball Lens透镜）：这种结构由于透镜与光纤不容易定位，而且与外围护套之间的胶接困难，所以生产厂家较少。本次设计中采用的光纤准直器是武汉烽火科技集团生产的Grin Lens光纤准直器，其工作中心波长为1550nm，插入损耗的典型值为0.18dB，光学带宽为60nm。

3.2 电路部分设计

电路主要包括激光器的驱动与温度控制电路、信号处理电路、数据采集电路以及其他一些外围设备（按键控制和显示等）。其中驱动电路具体由波形（三角波、正弦波和方波）产生电路和电压控制的恒定电流源电路组成；信号处理电路主要包括锁相放大和光电转换等电路。整体电路设计结构如图3.12和图3.13所示。

图3.12所描述的是系统的前端电路，这部分电路主要由函数发生电路、电流产生电路以及温度控制电路组成。这里的函数发生电路负责产生波长扫描用到的三角波与波长调制用到的正弦波。此外函数发生电路还负责产生两个分别与正弦波和三角波同频的TTL电平，以此作为数据采集的触发源以及锁相放大电路的参考频率。温度控制与采集电路可以控制激光器的工作温度，使其升高或者降低。图3.13所描述的是系统的后端电路。这部分电路的核心是锁相放大电路，它利用正弦波TTL电平的二倍频作为相敏检波的参考频率，而三角波的TTL电平则被送入微控制单元（MCU）中，作为信号采集与显示过程的触发信号源。

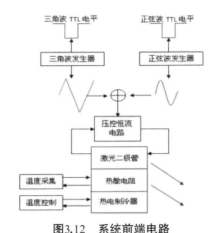

图3.12　系统前端电路

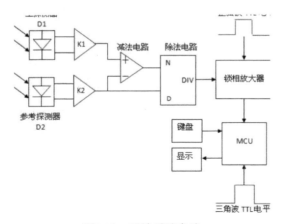

图3.13　系统后端电路

3.2.1　波形产生电路

扫描三角波和调制正弦波的产生所使用的是单片集成型函数发生器ICL8038，它只需要使用很少的外围器件就可以在0.001Hz~300KHz的频率范围内产生占空比为 2%~98%可调的三角波（从3号引脚输出）、正弦波（从2号引脚输出）、锯齿波（从3号引脚输出）以及方波（从9号引脚输出，需要上拉电阻）。其中正弦波失真度小于 1%（调整后可小于0.5%），三角波线性度优于0.1%。其基本电路图如3.14所示。在图3.14中，输出信号频率由电阻R_A，R_B和电容C共同确定。以t_1与t_2分别表示波形的上升时间与下降时间，U_{SUPPLY}是供电电压。则

$$t_1 = \frac{\frac{1}{3}CU_{SUPPLY}R_A}{0.22U_{SUPPLY}} = \frac{R_A C}{0.66} \tag{3.2}$$

$$t_2 = \frac{CV}{I} = \frac{\frac{1}{3}CU_{SUPPLY}}{2\times0.22\times\frac{U_{SUPPLY}}{R_B}-0.22\times\frac{U_{SUPPLY}}{R_A}} = \frac{R_A R_B}{0.66(2R_A - R_B)} \tag{3.3}$$

当$R_A=R_B=R$时，波形的上升时间与下降时间相等，占空比为50%，所产生信号的频率为：

$$f = \frac{1}{t_1 + t_2} = \frac{0.33}{RC} \tag{3.4}$$

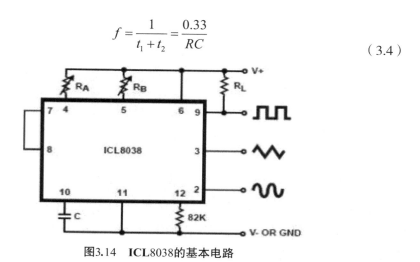

图3.14　ICL8038的基本电路

图3.15是三角波输出电路的设计，图3.16是正弦波输出电路的设计。对于三角波产生电路，我们设计的频率是3Hz，选择的外围器件参数为R_1=10 KΩ，R_2=10 KΩ以及C_1=10 μF。输出电压的幅值理论上应为0.33 × U_{SUPPLY}，约3.96V；对于正弦波，预定的频率是3KHz，理论上输出电压幅值应为0.22 × U_{SUPPLY}，约为

2.64V，选择的外围器件参数为R_4=10 KΩ，R_5=10 KΩ，C_2=10 nF。通过调整图3.16中R_7和R_8的阻值，可以进一步减小正弦波的失真度。U_{ref1}和U_{ref2}分别是与三角波和正弦波同频的方波信号，U_{ref1}作为信号采样开始与结束的标志信号，其频率记为f_{tun}；而U_{ref2}经过倍频以及移相电路之后，作为相敏检波的参考信号，频率记为f_{mod}。

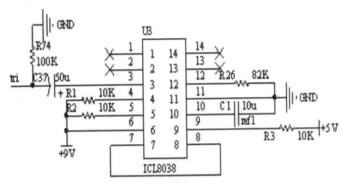

图3.15　三角波产生电路

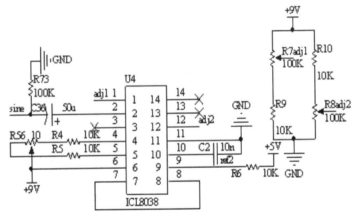

图3.16　正弦波产生电路

通过Labview虚拟仪器设计的示波器观测到的三角波频率是3.01Hz，电压幅值是3.95V；正弦波频率是3.01KHz，输出电压幅值是2.63V。图3.17和3.18是从示波器上观察到的三角波与正弦波波形。

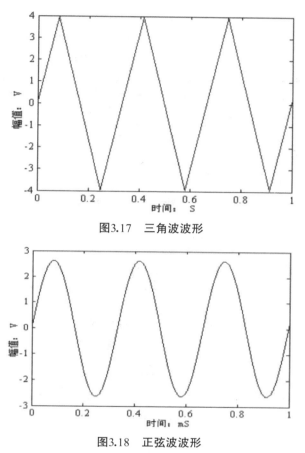

图3.17 三角波波形

图3.18 正弦波波形

我们实际驱动激光器的电压信号由三部分构成，他们分别是扫描所用的三角波，调制所用的正弦波以及激光器工作的直流偏置电压。它可以通过运放的加法电路实现，如图3.19所示。在加法电路之前，图3.15和图3.16函数发生器产生的信号以及基准电压源所产生的3.3V基准电压首先要经过精密多圈电位器进行分压，其中U_{tri}，U_{sine}分别代表信号产生电路所输出的三角波信号和正弦波信号，3.3V是电压基准源LM1117输出的信号。而U_{tun}、U_{mod}与U_{dc}分别是三角波、正弦波与3.3V直流电压经过分压之后产生的扫描、调制与直流偏置电压，U_{qudong}是三者叠加后用于驱动激光器发光的电压信号，图3.20和图3.21分别是在示波器设置不同时间步长情况下所看到的整体波形包络和局部的正弦波细节。

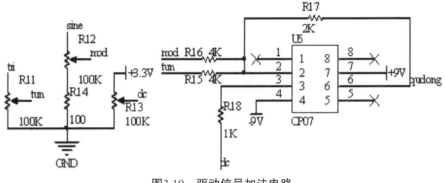

图3.19　驱动信号加法电路

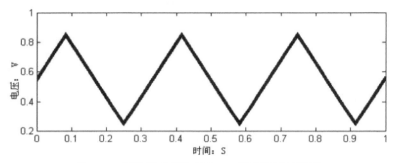

图3.20　示波器时间步长为**0.1s**时观察到的波形

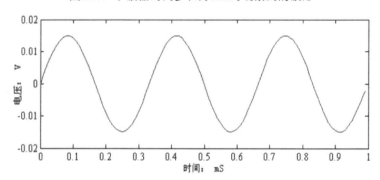

图3.21　示波器时间步长为**0.1ms**时观察到的波形

3.2.2　方波锁相与倍频电路

图3.22是方波的锁相以及倍频电路，它由HEF4046锁相环芯片、CD4520计数器芯片以及其他一些外围电路组成。此电路的工作原理如下：输入14脚的与正弦波同频的方波信号U_{ref2}经过HEF4046内部的放大器进行放大与整形后，进入到鉴相器Ⅱ的输入端，鉴相器Ⅱ将从计数器CD4520的3脚输入的二分频信号与U_{ref2}相

比较，鉴相器Ⅱ输出的误差电压经过滤波后，加到HEF4046的9脚，进而调整压控振荡器的频率使HEF4046的3脚的输入信号频率f_1使其与U_{ref2}的频率f_{mod}相等，此时HEF4046的4脚的输出信号（记为U_{out2}）的频率f_2满足$f_2=2f_1=2f_{mod}$。U_{ref2}和U_{out2}的波形如图3.23所示。

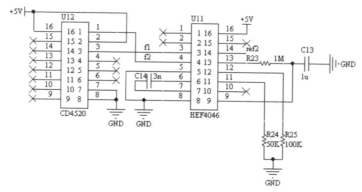

图3.22 方波的锁相与倍频电路

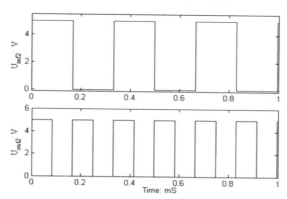

图3.23 输入HEF4046的方波信号与输出信号

3.2.3 激光器驱动电路的设计

如图3.24，整体的系统构建原理是引入双重反馈控制的办法使输出电流只因输入电压的变化而变化，以实现尽量小的电流误差和较好的电流输出稳定性。在标号为1的反馈环中，利用MOS管的源极输出电流受栅极电位影响的特性，通过集成运算放大器A以及用于对电流进行采样的电阻R_1构成一个闭合回路，使这一变化呈线性趋势。根据运放闭环工作达到动态稳定时同相端电位与反相端电位相等的原则，通过控制加在运放正输入端的电压来控制并稳定输出的电流。

同时，在标号为2的反馈环路，通过电阻2对激光器的电流进行取样，实现电流–电位的变换，经过模拟–数字转换，将数字量送给MCU，与电流的预设量进行比对，再利用软件算法对集成运算放大器同相输入端的电压进行调整，这样就实现了控制输出电流的目的。

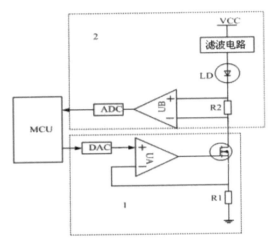

图3.24　激光器驱动电源系统框图

在反馈环路1中，我们引入了深度负反馈的办法以进一步增强系统增益稳定性、提高信噪比、减小非线性失真并扩展通带宽度。反馈环1的具体电路设计如图3.25所示。

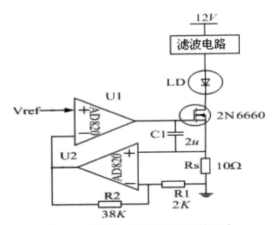

图3.25　运算放大器深度负反馈回路

其中，R_S负责采集注入激光二极管的电流并将其变成电位值，而U_2与R_1、R_2一起形成了同相输入比例放大电路，放大R_S上的电压值。放大后的电压会从反向端输入运放U_1并和代表目标电流的预设电压进行比较，比较后的电压值被输入到MOS管的栅极，控制导通程度，从而达到了调整源极输出电流的目的。

这种电路设计的关键之处是尽可能选取比较大的反馈倍数，同时，注意不要产生自激振荡现象使系统不稳。MOS管栅极和源极之间的电容C_1也是为了避免自激现象的产生。过大的电容值会使系统建立动态平衡的时间变长，而取值过小又达不到消除自激振荡的目的，具体取值需要反复实验进行取舍。在完成上述工作后，流过激光器实际电流与理论值的微小差异则主要源自于MOSFET的反向饱和电流，这也是一般的二极管激光器驱动电源所存在的技术瓶颈。下面我们通过公式对预设电位U_{ref}、MOSFET的源极输出电流I_S及注入激光器的电流I_{LD}之间的关系进行推导。

$$I_S = U_{sens} \tag{3.5}$$

$$U_{sens}/U_\alpha \approx A_0/(\tau s + 1) \tag{3.6}$$

$$A_0 \approx g_m R_S/(g_m R_S + 1) \tag{3.7}$$

$$\tau = \left[\left(r_{out} + R_S\right)/\left(1 + g_m R_S\right)\right]\left(C_{gs} + C_1\right) + \left[r_{out} + r_L + G_M r_{out} R_L\right]C_{gd} \tag{3.8}$$

$$G_M = g_m/\left(1 + g_m R_S\right) \tag{3.9}$$

$$U_\alpha = A_V\left(U_{ref} - U_f\right) \tag{3.10}$$

$$U_f = FU_{sens} \tag{3.11}$$

$$U_{sens} = A_V\left(U_{ref} - FU_{ref}\right)A_0/(\tau s + 1) \tag{3.12}$$

$$U_{sens} = A_V A_0 U_{ref}\Big/\left\{(\tau s + 1)\left[1 + A_V A_0 F/(\tau s + 1)\right]\right\} \tag{3.13}$$

在公式（3.5）到（3.13）中，U_{sens}为取样电阻R_S（10欧姆锰铜电阻）上的电压值，τ为运算放大器U1高频极点的时间常数，r_{out}为U1输出电阻，U_α为U1输入到功率管栅极的电位，C_{gs}为栅极与源极之间电容的容值，C_{gd}为栅极与漏极之间电容的值，功率管的跨导用g_m表示。负载即激光二极管的内阻为R_L，I_{dg}为MOSFET的反向饱和漏电流（漏–栅电流）。运放1的开环增益为A_V，F是运放2的放大倍数。A_V与F极大时，我们可以得到以下公式：

$$U_{sens} \approx U_r \tag{3.14}$$

$$I_S = U_{ref}/FR_S \qquad (3.15)$$

$$I_{LD} = I_S + I_{dg} \qquad (3.16)$$

为减小I_{dg}所引起的误差，在模拟电路构成的反馈环路基础上，我们又构建了一个PID数控回路，结构如图3.26所示。下面简要描述一下它的工作原理：注入激光器的电流经过电阻R_2后，变成了电位值。利用仪表运算放大器对其进行一定倍数的放大后，经由模数转换芯片变为数字量，送给微处理器（LPC2131）与微处理器内部的代表预定电流值的电压数字量进行比对，再利用PID算法调整输出数字量。输出的数字量经过数模转换后，变为参考电压接入第一个反馈环，经过这样的过程就实现了减小I_{dg}所引起的误差的目的。

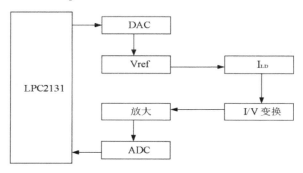

图3.26　数控反馈环

PID控制系统的原理如图3.27，它是比例—积分—微分控制的简称，具有简单的结构，参数整定也比较容易，是一种应用于工业控制领域的普遍手段。

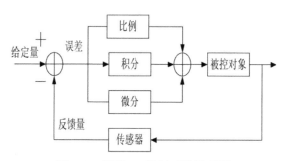

图3.27　模拟PID控制系统原理图

假设控制对象的预定输出值为$r_{in}(t)$，而其实际输出值为$y_{ou}(t)$，则目标值与实际值的误差为：

$$e(t) = r_{in}(t) - y_{ou}(t) \qquad (3.17)$$

它的控制规律为：

$$u(t) = K_p e(t) + \frac{1}{T_I} \int e(t)dt + T_D \frac{de(t)}{dt} \qquad （3.18）$$

系统的传递函数为：

$$G(s) = u(s)/e(s) = K_p \left[1 + 1/(T_I s) + T_D s\right] \qquad （3.19）$$

上面的公式中，K_p、T_I与T_D分别是比例常数、积分常数以及微分常数。然而在实际应用中，微处理器的控制是一种离散的采样控制，它只能根据当前时刻采样点的偏差值计算控制量，此时我们需要将模拟PID算法数字离散化。通常的数字PID算法主要为两大类，一种是位置式PID控制算法，另一种是增量式PID控制算法，这里我们采用的是前者。它以一系列的采样时刻点KT代表连续时间t，以矩阵法数值积分替代模拟的积分电路，以一阶后向差分近似取代微分，如公式（3.20）~（3.22）：

$$t = KT \quad (K = 0,1,2...) \qquad （3.20）$$

$$\int_0^t e(t)dt \approx \sum_{j=0}^{K} e(jT) = T\sum_{j=0}^{K} e(j) \qquad （3.21）$$

$$de(t)/dt = \left\{e(KT) - e\left[(K-1)T\right]\right\}/T = e(K) - e(K-1) \qquad （3.22）$$

这样，我们得到的离散PID表达式为：

$$u(K) = K_p \left\{e(K) + (T/T_I) \times \sum_{j=0}^{K} e(j) + (T_D/T_I)\left[e(K) - e(K-1)\right]\right\} \quad （3.23）$$

公式（3.22）中，T、K、e_K和e_{K-1}分别是采样周期、采样点序号、K时刻的偏差信号以及$K-1$时刻的偏差信号。我们的位置式PID算法的控制系统结构图与软件算法程序分别如图 3.28和图3.29所示。

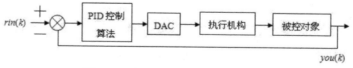

图3.28　位置式PID控制系统原理图

图3.29 位置式PID软件算法流程图

此外，本电路还采用了一种新型的滤波电路。经典的电感—电容型滤波网络如图3.30，它的通带截止频率与L、C成反比。L、C的取值越大，它的截止频率越小，纹波抑制效果越好。但是，在真正的使用过程中，过大的L和C是很难实现的。

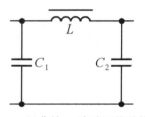

图3.30 经典的LC滤波网络结构图

在本次设计中，我们对以往的经典电路做了一些改进，借助NPN型达林顿晶体管的大电流来间接提高电容的等效容值，使它产生大电容的效果，电路如图3.31所示。如果达林顿管的电流放大倍数为k，则在基极与地电位之间接入的电容C_2就等效于在源极与地之间接入了电容值为$(1+k)C_2$的大电容。此外，该电路还可以实现激光器驱动的慢启动与慢关闭，具体的工作方式为：电源接通瞬间，Q_1截止，它的初始射极输出电流为零，外部电流通过接在达林顿管的基极与集电极之间的电阻给电容C_2充电，它的基极电位开始缓缓上升。当超过截止电压后，Q_1的工作状态由截止变为放大，它的发射极电流由初始状态一直变大直至饱和，同时三极管Q_2基极电位也开始增大，最终Q_2导通，滤波电路的输出电压约等于它的输入电压；当电源断开时，变化过程同理。这样，激光器的开启与关闭都能躲过上电与断电瞬间的电网浪涌冲击，具体的延迟时间与电阻R的取值有关。

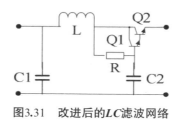

图3.31　改进后的*LC*滤波网络

此激光器驱动电源可以独立工作，也可以通过输入外部电压信号来驱动激光器。本次实验中，我们采用的是外部输入方式。具体办法很简单，只需要断开数模转换芯片与运放U_1的连接，而选用我们在前面所产生的电压信号（图3.19）作为参考信号。

3.2.4　激光器温度控制电路

本次设计的激光器温度控制系统以美国TI公司生产的DSP芯片TMS320F28335微控制器作为控制核心，负责协同调度系统各个工作单元的工作，具体如下：1. 温度采集单元：负温度系数热敏电阻（NTC）作为温度感应元件，阻值随温度的变化而变化。恒定电流流过NTC产生电压变化，从而实现LD的温度—电压转换，然后将此电压信号经过模数转换（ADC）送入DSP等待处理；2. 温度控制单元：DSP将NTC采集到的用于表征当前温度的数字量与表征预置温度的数字量进行比对，进而调用内部的模糊PID算法以输出控制量。通过数模转换（DAC）输出模拟量来使TEC加热或者制冷，使激光器温度改变；3. 温度显示单元：DSP控制LCD1602完成两行显示，一行为预置温度，一行为当前温度；4. 键盘单元：用来设置LD的温度、送加热、制冷以及启动与停止命令给DSP，矩阵键盘通过 BC7281键盘接口专用控制芯片与DSP相连，仅仅需要3个I/O口；5. 温度数据存储单元：把有限多个整数温度点以数据表的形式存入8Kbit的EEPROM存储器AT24C08中，AT24C08与DSP以I2C总线连接，仅需两个I/O口。此外，为了保证温度控制与监测的准确，NTC、TEC 与激光二极管（LD）、光电二极管(PD)要尽量在同一封装之内，外接热沉散热，系统框图如图3.32所示。

3.2.4.1　自适应模糊PID控制原理

PID控制是一种较为传统的工控方式，发展到今天其理论与技术水平已经相当完备，PID算法的关键在于建立精确的数学模型并且基于某种原则来设定模型参数。然而，实际环境存在着非线性、时变性以及非确定性，难以甚至无法建立精确的数学模型。模糊控制是一种便于操纵的非线性控制方式，不需要知道被控

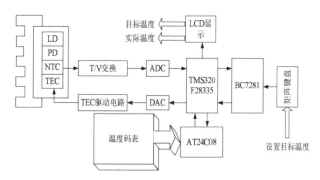

图3.32 激光器温度控制系统结构

对象的精确数学模型，具有抗干扰能力强、响应速度快等优点，但是由于它没有积分环节，因而难以消除稳态误差，而且在变量分级较少的情况下，容易在平衡点附近出现波动现象。模糊PID（Fuzzy–PID）控制器针对被控对象的特性，选择利用模糊推理器来对PID控制器在线调整（或自校正，自整），改变其PID参数。将模糊控制和PID控制器二者结合起来，扬长避短，从而既具有模糊控制灵活而适应性强的优点，又兼容PID控制精确的特点，对复杂控制系统和高精度伺服系统具有良好的控制效果。常用的模糊 PID控制器有两种：复式模糊PID控制器和PID参数自整定的模糊控制器。本次设计选用的是PID参数自整定的模糊控制方式，PID模糊控制重要的任务是找出PID的三个参数，即K_p（比例系数）、T_i（积分时间）和T_d与误差e以及误差变化率e_c之间的模糊关系。在运行中不断检测e和e_c，根据已经确定的控制规则对三个参数自行调整，最终减小系统误差，其原理如图3.33所示。

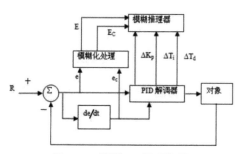

图3.33 模糊PID原理框图

3.2.4.2 温度值采样单元

此部分电路如图3.34所示，恒定的由运算放大器U_1同相端电位控制的电流流经负温度系数的热敏电阻R_{NTC}，变为等同于温度的电压值。经过仪表运算放大器AD620放大一定的倍数，得到电压U_{VT}。此恒流电路的工作原理与前面提到的为激光器提供工作电流的恒流源类似，这里不做赘述。需要注意的一点是，这里，我们设计的恒流电路输出的电流为μA级，目的是尽量避免由于电流流过热敏电阻使其发热。否则，若电流过大，则会对我们判断激光器的温度变化产生误导。

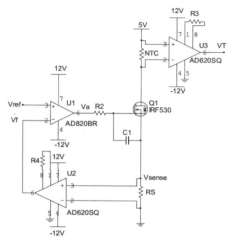

图3.34　温度值采样单元的设计

3.2.4.3　热电制冷器TEC的驱动单元

电路如图3.35，此部分的核心是MAX1968，在这里简单介绍一下：MAX1968是高度集成、高性价比、开关模式工作的宇尔帖（Pelitier）热电制冷器（TEC）驱动模块。它直接输出电流控制以TEC的加热和制冷，从而避免了TEC上可能会产生的浪涌。片上集成的FETs最大程度减少了外围器件的复杂程度，MAX1968可以输出±3A的双极性电流，驱动TEC制冷或加热，从而真正实现了温度控制过程中"无死区"。

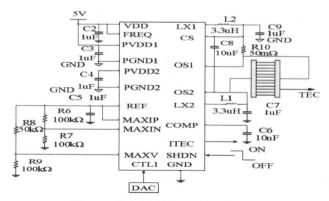

图3.35　热电制冷器TEC的驱动电路

3.2.5 光电转换电路

光电探测器按其工作原理可分为光发射—肖特基势垒探测器、光伏型探测器、光电导型探测器以及量子阱探测器（QWIP）四种，在这里我们选择的探测器是美国JUDSON公司的InGaAs材料制成的光伏型探测器，型号为J23–18I–R01M–2.2。它的光敏面直径为1 mm，截止波长为2.2 μm，峰值响应波长为1.9 μm，峰值响应度为1.1 A／W，波长—电流响应特性曲线如图3.36。

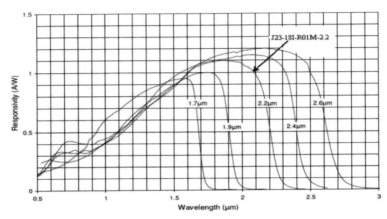

图3.36　光探测器的波长—电流响应特性

探测器的偏置电路如图3.37。此电路的工作原理如下：当探测器接收光时，产生暗电流。此电流流过取样电阻R_{27}、R_{28}，形成电压值，即完成光功率—电压信号的转换。为了最大程度地消除噪声，我们实际中使用了双光路结构，这样可以最大限度抑制系统的共模噪声，提高信噪比。为了消除温度变化对探测器偏置电路带来的影响，我们将两路探测器的偏置电路集成在一个双运算放大器上，这样就避免了运放温度系数不同所带来的影响。

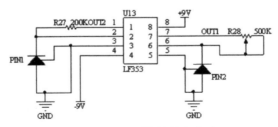

图3.37　光探测器的偏置电路

此电路选择的运放是LF353，它属于FET输入类型的运放，具有极高的输入阻抗(典型值为10 MΩ)。PIN2为待测光路的光电探测器，而PIN1为参考光路的光电探测器。输出电压信号满足：

$$U_{out1} = i_1 R_{27} \quad\quad (3.24)$$

$$U_{out2} = i_2 R_{28} \quad\quad (3.25)$$

公式中i_1、i_2分别表示1号探测器与2号探测器接收光照时所产生的暗电流。

3.3　信号调理电路

3.3.1　背景噪声与强度调制信号的消除

在检测中，我们真正感兴趣的是由于气体吸收所产生的光强的变化量，而非总体的光强。此外，由于光源和光源驱动电路的不稳定所产生的光波动也会对我们的检测带来影响，这是我们所不希望的。因此，我们设计了如图3.38所示的减法电路以及除法电路，其中减法电路主要作用是提取信号差值即变化量，消除背景噪声，而除法电路利用信号差值和参考信号值进行除法运算，进一步消除光源自身波动以及驱动电路的波动引入的干扰。

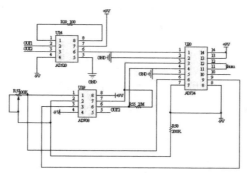

图3.38　减法与除法电路

3.3.2　同步信号累积电路

与气体有关的电信号极其微弱，被淹没在50Hz的工频干扰、$1/f$噪声、白噪声等干扰信号中。在这种情况下提取信号，一般方法包括如下三种：相关检测法、同步积累法以及光子计数法。在设计中，我们把相关检测法、同步积累法融于一体，最大程度抑制了噪声，获得了极低的检测下限。同步信号累积电路的工作原理是利用待测信号的周期性和噪声的随机性，用采样时间极短的采样/保持器周期性地对其采样。这样，对于待测信号，间隔固定的时长，每次采到的数值相同，它的积分平均值仍然为该信号此刻的瞬时值；而对于噪声，由于其具有随机性，随着采样次数的增加，其平均值将变小。采样数越多，则噪声均值越趋近于0，但将会以延长检测时间为代价。假设采样点数为N，每次采集到的信号为U_{si}，累加之后信号为U_s，则

$$U_S = \sum_{i=1}^{N} U_{Si} \qquad (3.26)$$

对于噪声，由于其互不相关特性，经过积累之后得到的信号为：

$$U_n = \sqrt{\sum_{i=1}^{N} U_{ni}^2} = \sqrt{N} \times \overline{U_N} \qquad (3.27)$$

假设输入采样积分器的信号信噪比为S/N，则从采样积分器输出的信号信噪比为$\sqrt{N} \times S/N$。它的工作原理如图3.39所示。

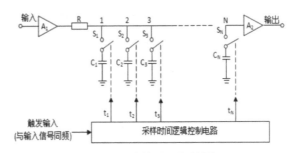

图3.39 同步信号累积的原理

本书中，我们设计了8点信号采样积分平均器，电路如图3.40所示。

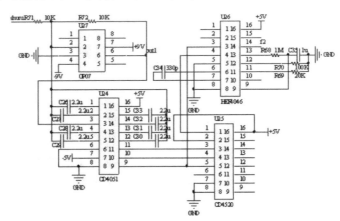

图3.40 8点信号采样积分平均器的设计

此电路中，HEF4046作为锁相与倍频模块，对输入信号（参照图3.22）进行锁相与8倍频处理。倍频信号输入计数器芯片CD4520的1脚作为时钟信号，产生1、2、3……8点的顺序门控脉冲来控制多路开关CD4051闭合，使其8个通道以f_2

周期的1/8为时间间隔轮流导通。假设第i次采集到的信号被定义为S_i，则在f_2的一个周期内，S_1、S_2、S_3……S_8均匀地扫描一遍，这8个点的瞬间波形分别被存储于$C_{25}\sim C_{33}$中，进行求和与平均。由于扫描信号与有用信号的频率与相位相同，因此得到的波形稳定、清晰。

3.3.3 锁相放大电路

锁相放大器是一种成熟的微弱信号检测技术，自从1962年问世直至今天，一直在微弱信号检测领域占据着主导地位。它对化学、物理、电化学、海洋、天文等学科领域的发展起到了巨大的促进作用。锁相放大是基于相关检测技术的信号处理方法，具有极低的检测下限（小于1nV），也可以把它当作一个带宽极窄的带通滤波器（0.001Hz数量级），典型的模拟锁相放大器的原理如图3.41所示。

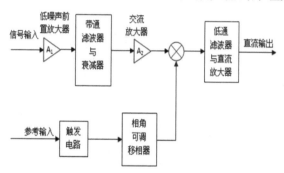

图3.41 模拟锁相放大器的基本结构（对参考信号移相）

假设输入的有用待测信号U_A为一幅值A，相角ϕ_1，角频率ω_1的正弦信号；而干扰源为幅值C，相角ϕ_3，角频率ω_3的正弦信号；参考输入为与有用待测信号同频的幅值B，相角ϕ_2的正弦信号U_B。经过相关运算后，得到：

$$U_A \times U_B = AB\sin(\omega_1 t + \phi_1)\sin(\omega_2 t + \phi_2)$$
$$= \frac{1}{2}AB\left\{\cos(\phi_1 - \phi_2) - \cos\left[(\omega_1 + \omega_2)t + \phi_1 + \phi_2\right]\right\} \tag{3.28}$$

$$U_C \times U_B = BC\sin(\omega_1 t + \phi_1)\sin(\omega_3 t + \phi_3)$$
$$= \frac{1}{2}BC\left\{\cos\left[(\omega_1 - \omega_2)t + \phi_1 - \phi_3\right] - \cos\left[(\omega_1 + \omega_3)t + \phi_1 + \phi_3\right]\right\} \tag{3.29}$$

经过低截止频率的低通滤波器滤除交流项后，剩下唯一的直流项是$1/2 \times AB \times \cos(\phi_1 - \phi_2)$，而B已知，且$\cos(\phi_1 - \phi_2)$为常数项，所以此直流项可代表待测信号。当参考信号与待测信号相位差为$k\pi$时，直流项的绝对值最大，检测效果最佳。低通滤波器的截止频率实际上就是该系统的检测带宽，由于我们的低通滤波器目的仅仅是让直流通过，所以它的截止频率可以设置得很低，因此可以具有极窄的带宽，这是带通滤波器无法做到的。在实际设计中，考虑到方波的移相比较复杂，所以我们对待测信号进行移相，这样也可以使待测信号和参考信号保持相位一致，如图3.42。下面的各小节中我们将详细介绍锁相放大器中各电路部分的设计。

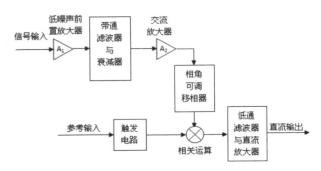

图3.42　实际中使用的模拟锁相放大器的结构（对待测信号移相）

3.3.3.1　前置放大电路

前置放大器是我们锁定放大器系统设计的第一级，它不需要很高的放大倍数，但一定要精确，而且由于输入给它的信号极弱，所以还必须具有较高的灵敏度。综合考虑，我们选择的是BB（BURR-BROWN）公司的INA111高速FET输入型仪表运算放大器。它的输入偏置电流小于20 pA，偏置电压小于500 μV，温漂低于5μV/℃，共模抑制比高于106dB。前置放大电路如图3.43所示。

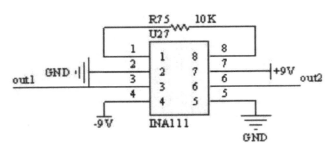

图3.43　前置放大电路

此电路中，放大倍数G由接在引脚1与引脚8之间的电阻R_{75}决定，具体公式如下：

$$G = 1 + 50K\Omega / R_{75} = 6 \qquad (3.30)$$

3.3.3.2　带阻滤波电路

从前置放大器输出的信号中，很大一部分噪声来自于电源的50 Hz工频干扰，为此我们需要设计带阻滤波器以对此干扰进行衰减。如果采用分立元件，如电阻、电容与运放搭建，则需要考虑运放的频率响应以及电阻与电容的参数值，这无疑为我们的设计增加了难度，而且会额外的引入噪声。在此，我们利用BB公司的通用集成滤波器芯片UAF42，它内部集成了精密电容、匹配电阻以及运放，使用时只需连接少量外围电阻，大大简化了电路的结构。

为了辅助滤波器设计，BB(BURR-BROWN)公司还提供了一系列设计软件——FilterPro™。它们工作在DOS环境下，针对不同滤波器设计要求，有多种典型结构可供使用者选择，例如巴特沃斯型、切比雪夫型、贝塞尔型以及反切比雪夫等类型。此外，针对某些特殊设计，如2阶滤波器，Sallen-Key结构也可供我们选择。下面介绍一下主要设计步骤：

（1）选择滤波器实现目的：如高通、低通、带通、带阻，在这里我们选择带阻；

（2）选择期望的滤波器结构：如巴特沃斯型、切比雪夫型、贝塞尔型以、反切比雪夫以及 Sallen-Key 结构，这里我们选择Sallen-Key结构；

（3）选择阶数、中心频率、带宽。对于带阻滤波器，我们选择2阶、中心频率50Hz、带宽 4Hz；

（4）查看元器件值以及滤波器幅频特性曲线。

经过软件设计得到的结果如图3.44所示。

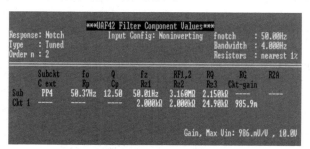

图3.44　FilterProTM软件得到的50Hz陷波器的外围器件参数

软件设计完毕后的界面会显示出相应的典型极点对、子电路结构以及元器件参数值，再以此对照UAF42芯片手册，可以方便的完成设计。以上图为例，电路子结构为PP4，Q值为12.50，通带增益为0.986，最大输入电压10V。电路一共需要6个外接电阻，允许的误差为1%，缺省元件在实际电路中不需要连接。在这里需要注意的一点是，10V的最大输入电压针对的是滤波器默认的+10V电源供电，而我们的正电源接的是9V，所以实际中最大输入应以9V为准。带阻滤波器实际电路如图3.45，其中引脚2为信号的输入端，引脚6为信号的输出端。

GND
U28
RS1
2K
RS2
2K
out2
RS0
3K
R77
3M
R79
200K
RS3
30K
out3
UAF42
GND
+9V
-9V
R76
3M
R78
200K

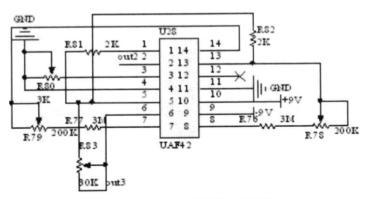

图3.45　实际的50Hz陷波器的电路设计

3.3.3.3　带通滤波电路

对于带通滤波器，重复前面讲到的设计步骤，得到的结果界面如图3.46所示。

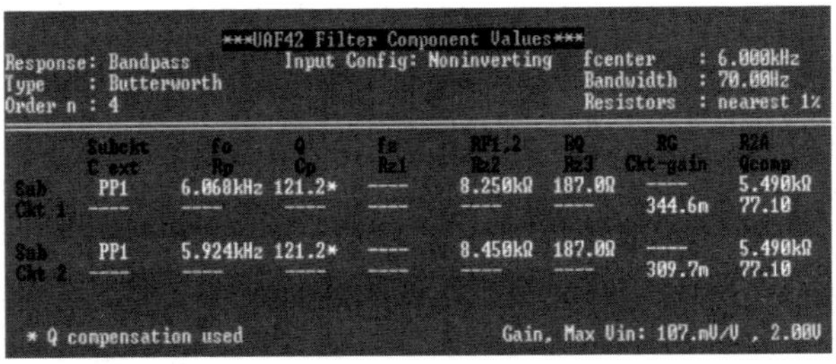

UAF42 Filter Component Values
Response: Bandpass
Input Config: Noninverting
fcenter : 6.000kHz
Type : Butterworth
Bandwidth : 70.00Hz
Order n : 4
Resistors : nearest 1%
Subckt C ext
fo Rg
Q Cp
fz Rz1
RF1,2 Rz2
RQ Rz3
RG Ckt-gain
R2A Qcomp
Sub Ckt 1 PP1 6.068kHz 121.2* 8.250kΩ 187.0Ω 344.6m 5.490kΩ 77.10
Sub Ckt 2 PP1 5.924kHz 121.2* 8.450kΩ 187.0Ω 309.7m 5.490kΩ 77.10
* Q compensation used
Gain, Max Vin: 107.mV/V , 2.00V

图3.46　**FilterPro™软件得到的6KHz带通滤波器的外围器件参数**

此滤波器阶数为4阶，需要两片UAF42级联，中心频率6KHz，带宽70Hz，实际电路如图 3.47所示。

U29
out3
GND
R84
200
R86
8.2K
10K
R87
GND
+9V
-9V
R85
8.2K
UAF42
U30
GND
R88
200
R90
8.2K
10K
R91
GND
+9V
-9V
R89
8.2K
out4
UAF42

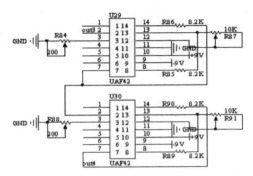

图3.47　实际的6KHz带通滤波器的电路设计

3.3.3.4　交流放大电路设计

信号经过带通滤波电路和50Hz工频衰减电路之后，进入第二级放大，即交流放大环节。我们设计的电路如图3.48所示。此电路为反相输入式交流放大电路。电路中选用的运放是CA3140E，它具极高的输入阻抗（约$1.012 \times 10^3 \Omega$）。在此电路中，输入信号通过电容C_{38}与电阻R_{92}被耦合到运放的反相输入端，通过R_{93}产生反馈，直流信号因C_{38}的隔直作用而实现了全反馈，交流信号通过R_{92}和R_{93}分压，构成了电压并联负反馈。为了防止同相端与反相端的阻抗不匹配而产生的偏置电流对结果产生影响，在同相输入端与地之间接入电阻R_{94}，其阻值与R_{93}的阻值相等，继而实现阻抗的匹配。此放大电路对交流输入信号增益约为10。

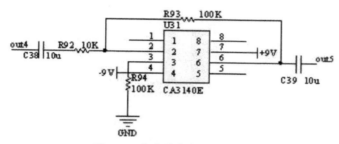

图3.48　交流放大电路的设计

利用Multisim软件自带的波特图仪组件，对电路进行仿真分析，得到的幅频与相频特性曲线如图3.49所示。

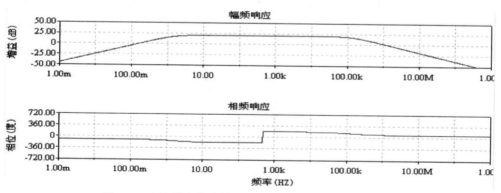

图3.49　交流放大电路的幅度-频率特性与相位-频率特性

3.3.3.5　移相电路设计

被测信号与参考信号的相位差会直接影响锁定放大器末级输出的直流电压。当相位差为π的偶数倍时，输出直流信号取得最大的正值；当相位差为π的奇数倍时，输出直流信号取得最小的负值；当相位差为$(k+1/2)\pi$时（k为整数），直流输出为零。实际中，由于被测信号与参考信号初始相位的随机性以及带通、带阻滤波电路的影响，又使此相差具有不确定性。因此，需要设计移相电路以使检测结果达到最佳，移相电路如图3.50所示。

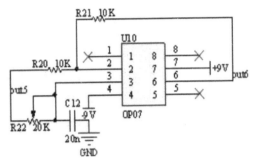

图3.50 移相电路

根据电路图求出的闭环传递函数为：

$$G(s) = \frac{R_{20} - sC_{22}R_{21}R_{22}}{R_{20}(1 + sC_{12}R_{22})} \qquad (3.31)$$

移相角 φ 满足公式(3.32)：

$$\phi = 2\left[\pi - \arctan(\omega C_{12}R_{22})\right] \qquad (3.31)$$

3.3.3.6 相敏检波电路设计

移相后的待测信号与参考信号的相关运算，即相敏检波。相敏检波具有鉴别相位和选择待测频率的功能，是锁定放大器的核心环节。相敏检波器实质是一个模拟乘法器，但在实际应用中，由于模拟乘法器技术还不够成熟、精度以及稳定度不高，所以一般采用模拟开关和运算放大器搭建。在这里我们选择平衡调制/解调器AD630来实现相敏检波，AD630内部集成了两个相互独立的运算放大器、一个精密比较器、一个二选一选通开关以及一个积分器。用AD630代替分立元件，尽可能减小了由于分立器件所带来的噪声干扰（如杂散电容等）。而且由于AD630中的两个运放结构以及温度系数具有高度的一致性，这也避免了由运放参数差异对相敏检波结果所带来的影响。相敏检波电路如图3.51，待测电压从1号引脚（16脚）输入，9号引脚的参考电压 f_2 取自于图4.22方波锁相与倍频电路中 U_{11} 的4号引脚，而相关运算后的信号从AD630的13号引脚输出。

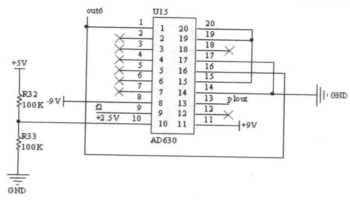

图3.51　相敏检波电路

3.3.3.7　低通滤波电路设计

经过前面的一系列调理电路后，我们所感兴趣的待测信号的幅值包含在相敏检波电路输出的直流分量之中，因此，需要设计低通滤波电路来提取直流信号。在这里对低通滤波器的唯一要求就是截止频率要尽量低（理论上只允许直流通过），截止频率越低，则检测系统的带宽越窄。但是，低截止频率是以增大锁定放大器的响应时间常数为代价的，所以亦不能过低。在具体的电路设计中，由于除截止频率外无其他特殊要求，所以我们使用普通的CA3140E运算放大器设计了一个二阶电压控制–电压源低通滤波电路，其结构如图3.52。

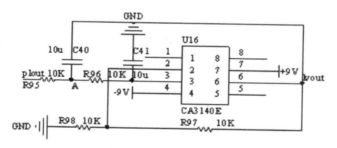

图3.52　低通滤波电路

R_{95}、R_{96}、C_{40}、C_{41}构成了两阶RC低通滤波环节，R_{97}、R_{98}构成了同相比例放大环节，它的放大倍数等于整个低通滤波电路的通带增益。为了计算方便，我们取R_{95}、R_{96}、R_{97}、R_{98}均为10KΩ，C_{40}与C_{41}为10 μF。设通带增益为A_{VF}，则A_{VF}满足公式（3.33）：

$$A_{VF} = 1 + R_{97}/R_{98} \qquad (3.33)$$

运放同相输入电压满足：

$$U_p(s) = \frac{U_0(s)}{A_{VF}} \qquad (3.34)$$

而同相输入电压与节点A的电压又满足：

$$U_p(s) = \frac{U_A(s)}{1+sRC} \qquad (3.35)$$

根据基尔霍夫电流定律，在A点得到如下方程：

$$\frac{U_{plout}(s) - U_A(s)}{R} - \left[U_A(s) - U_0(s)\right]sC - \frac{U_A(s) - U_p(s)}{R} = 0 \qquad (3.36)$$

将以上三个公式联立求解，得到的低通滤波电路传递函数如下：

$$A(s) = \frac{U_{lvout}(s)}{U_{plout}(s)} = \frac{A_{VF}}{1+(3-A_{VF})sRC+(sRC)^2} \qquad (3.37)$$

特征角频率ω_n和等效品质因数满足：

$$\omega_n = \frac{1}{RC} = 10 \qquad (3.38)$$

$$Q = \frac{1}{3-A_{VF}} = 1 \qquad (3.39)$$

这里需要注意一点：通带增益必须小于3，否则电路将会出现自激振荡现象，实际电路中选择的A_{VF}为2。在公式（3.37）中，以$j\omega$代替s可以得到电路的幅频响应与相频响应的表达式如下：

$$20\lg\left|\frac{A(j\omega)}{A_0}\right| = 20\lg\frac{1}{\sqrt{\left[1-\left(\frac{\omega}{\omega_n}\right)^2\right]^2 + \left(\frac{\omega}{\omega_n Q}\right)^2}} \qquad (3.40)$$

$$\phi(\omega) = -\arctan\frac{\omega/\omega_n Q}{1-\left(\frac{\omega}{\omega_n}\right)^2} \qquad (3.41)$$

利用Multisim仿真软件得到的幅度–频率响应与相位–频率响应的曲线如图3.53所示。

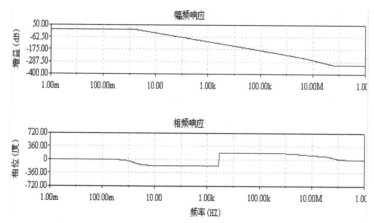

图3.53　低通滤波电路的幅频与相频响应特性

3.3.3.8　直流放大电路设计

锁相放大器的最后环节为直流放大环节，直流放大电路不同于一般的应用集成运算放大器构成的放大电路，它是用于放大直流电压以及其他变化缓慢的电压的放大电路。它的特殊用途决定了它必须具有下限截止频率接近于零的幅频特性。当需要多级级联时，不适于使用阻容耦合以及变压器耦合，而应使用直接耦合的方法。当采用直接耦合方式时，电路中任何元器件参数的变化，如：电源电压的纹波、元器件由于长时间使用引起性能退化、运算放大器内部BJT或FET由于温度变化引起的参数改变，均可对输出电压造成影响。因此，即使在无输入信号的情况下，输出端仍然有信号输出，这就是所谓的"零点漂移"。"零点漂移"现象所引入的误差信号和有用信号混在一起，会对测量结果造成严重的影响。此外，运放本身的直流偏置电压也会影响测量。我们设计的直流放大电路如图3.54所示，选用的运放是斩波自稳零集成运算放大器 ICL7650，它具有极低的输入偏置电压（ $\approx 10\mu V$ ），极低的温漂（ $\approx 0.1\mu V/℃$ ），以及极小的偏置电流（ $\approx 10pA$ ）。

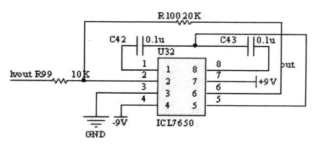

图3.54　直流放大电路的设计

此电路设计为反相比例放大电路，其输出电压U_{out}与输入电压U_{lvout}满足表达式（3.42）：

$$U_{out} = -\left(\frac{R_{100}}{R_{99}}\right) \times U_{lvout}$$

（3.42）

将R_{100}=20 KΩ，R_{99}=10 KΩ 代入公式（3.42）得：

$$V_{TH} = V_{set} \cdot \frac{R_9 R_{TH}}{(R_9 + R_{10}) R_7}$$

第四章　基于吸收光谱技术的气体传感器

4.1　对数变换—波长调制光谱在气体检测中的应用

为了提高痕量气体检测的稳定性并扩大动态范围，引入对数变换方法和差分检测电路，对常规波长调制光谱技术进行了改良。在使用锁相放大器提取与气体吸收相关的谐波信号之前，由自制的接收器完成了对数变换和差分检测功能。通过对数变换，使激光强度调制与气体吸收引起的光功率衰减量实现了分离，再利用差分检测消除前者。受益于此双管齐下的策略，理论上可以捕捉吸收光谱的任意阶谐波分量，并且免于受剩余幅度调制和谐波畸变的影响。为了验证理论，对 NH_3 的 $P(6)$ 吸收谱线的二次谐波进行了采集。在296 K的环境温度、1.01×10^5 Pa的总压力和24.5 cm的有效光程下，假设信噪比降低为1时推导得到的理论检测下限为0.7 ppm（1 ppm = 10^{-6}）。以上结果表明该方案是痕量气体检测应用的一种理想选择。

4.1.1　实验系统

本节所介绍的基于吸收光谱的气体检测系统结构如图4.1所示。采用有效光程为24.5 cm的不锈钢管作为气室，气室的两端和中间处分别放置一个热电偶，用于对气室温度进行监测。采用Mitsubishi公司FU-68PDF-V510型半导体激光器作为系统的光源。利用低噪声激光器电流源（Newport公司，Model 500B型）和高精度激光器温度控制器（ILX公司，ModelLDT-5900C型）对光源的驱动电流和工作温度进行了精密的调整，使其输出波长的均值与 NH_3 的 $P(6)$ 吸收线的峰位置（对应的波数为4986.995500 cm^{-1}）相吻合。为了尽量避免由于激光反射而产生的干涉条纹对实验的干扰，光纤采用角抛光FC/APC连接器实现连接。向激光器电流源的控制电压端输入一个幅值1V，频率为10 Hz的三角波信号，使激光器的中心发射波长扫描$P(6)$吸收谱线。与此同时，利用锁相放大器产生10 KHz的正弦信号对三角波信号进行调制，进而实现激光器中心发射波长的调制。为了消除气室的光反馈散射效应，激光器发出的光被光纤耦合到隔离器中，接下来被可调光纤分束器分为一路检测光束和一路参比光束。检测光束经过气室传播而被气体吸收后，照射在光敏面面积为1 mm²的InGaAs光电二极管（D1）上。参比光束的光信号用于追踪激光的强度调制现象，未经过气体吸收而直接投射到另一支同样的光电二极管（D2）上。以上两支光电二极管输出的电信号被送入自制的接收机中，执行对数变换和减法运算。差值信号进入锁相放大器中，以调制频率的二倍频作为参考信号进行解调，利用数据采集卡将解调得到的二次谐波信号转换为12 bit的数字量后，送入PC机中，最后通过Labview软件进行峰值提取等数字信号处理过程。

购于Taiyo Nippon Sanso公司的高纯度NH_3与N_2（99.9%）被储存在两支钢瓶内，与一组用于控制钢瓶中气体混合比的质量流量控制器 (Teledyne Hastings，HFC-302 with THPS-400 controller)相互配合，以实现浓度100 ppm到40%范围内的NH_3样本制备。使用真空压力（Setra Systems，MODEL720）计对气室内的总压力进行实时监视。所有实验均在室温（296 K）和常压（1.01×10^5 Pa）条件下进行，在每次实验之前利用氮气清洗气室，并利用涡轮分子泵进行抽真空处理。

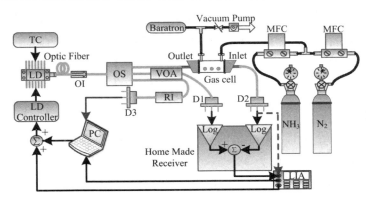

图4.1　实验系统框图（MFC：质量流量控制器，D1与D2：光探测器，
OI：光隔离器，LIA：锁相放大器）

激光温度控制系统示意图如图4.2所示。

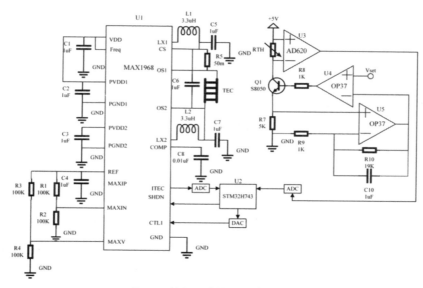

图4.2　激光温度控制系统原理图

　　蝶形激光模块集成了热电冷却器（TEC）和热敏电阻（RTH）。利用运算放大器的深度负反馈原理和晶体管的电流放大特性，构建了一个恒流源电路，其中热敏电阻RTH、NPN晶体管S8050和采样电阻器R7串联连接。R7收集流过它的电流并将其转换成电压值，该电压值由运算放大器U5、电阻器R9和R10形成的反馈网络放大，然后输入到运算放大器U4的反相端子，并与非反相端子的参考电压Vset进行比较。该差值由U3放大并输入到S8050的基极，以控制其导通程度，从而调节输出电流。为了避免系统的自激振荡，在U5的反相输入和输出端之间插入电容器C10，从而为反馈回路增加一个零点。这样，系统可以通过运算放大器反馈网络的闭环控制来建立动态平衡。流过热敏电阻的电流只受参考电压Vset的影响，与热敏电阻的电阻无关，那么RTH两端电压的计算公式为

$$V_{TH} = V_{set} \cdot \frac{R_9 R_{TH}}{(R_9 + R_{10}) R_7} \tag{4.1}$$

　　为了防止电流过大所引起的采样电阻器过热对温度采集结果造成影响，有必要尽可能减少流经热敏电阻的采样电流。我们将反馈系数调整为20，参考电压调整为2.5V，以获得25μA的恒定电流。RTH两端的电压降由AD620仪表放大器放大10倍后，发送至STM32，并使用其自身的ADC执行16位模数转换。使用MAX1968芯片以驱动激光管内的TEC实现热电冷却。MAX1968由单个电源供电，其输出电流由两个内部同步开关降压调节器控制。MAX1968产生的正负3A双极电流避免

了加热过程中的"死区"和小负载电流下的非线性问题。流经TEC的电流完全由输入CTL1引脚VCTL1和感应电阻器R5的电压VREF决定：

$$I_{TEC} = \frac{V_{CTL1} - V_{REF}}{10R_5} \qquad (4.2)$$

CTL1引脚上的控制电压来自STM32H743的16位DAC。ITEC引脚上的电压与流经TEC的电流成比例，STM32H743的ADC用于对其监控，以实现TEC的过电流保护功能。通过STM32输出的低电平送到MAX1968的SHDN引脚，使设备在不工作时可以置于待机状态。

用于调节激光驱动器的代码流程图如图4.3所示。该可执行代码在STM32H743上运行，STM32H743是STMicroelectronics公司生产的32位微控制器。Keil RTX版本5（RTX5）将CMSIS-RTOS2实现为Arm Cortex-M处理器的本地RTOS接口，嵌入STM32H743中，以帮助CPU调度任务，从而增强其实时处理能力。激光驱动器的工作分为六项任务：显示刷新、触摸扫描、数据保存/加载、电流设置、阈值电流设置和实际电流监控。emWin GUI配置用于构建友好、直观的交互界面。RTX5操作系统负责调度这些任务的执行以及它们之间的通信。32GB容量

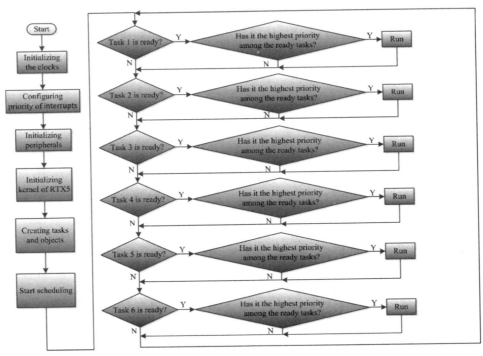

图4.3　激光驱动器的调节代码流程图

的SDHC卡通过安全数字输入/输出（SDIO）端口与STM32H743连接，以存储数据和图像。STM32H743通过内置LCD-TFT-显示控制器（LTDC）驱动RGB型LCD屏幕。通过调用SDHC卡和LCD的驱动功能，在任务#1、任务#2和任务#3中实现了人机交互和数据交换。激光电流源的输出由STM32H743的DAC2转换的电压控制，最大允许输出电流由DAC1设置。DAC的调用在任务#4和任务#5中执行。在任务#6中，与电流源输出成比例的模拟电压由ADC1进行12位数字化，用于监控。

就工作条件而言，激光二极管和发光二极管都需要较小的驱动电流（几十mA）。然而，激光二极管的内部结构远比发光二极管复杂。根据速率方程，激光二极管的内部等效结构包含寄生电阻、电容和电流源，这些元件与驱动二极管的稳定运行密切相关。为了确保仿真电路对实践的指导意义，有必要专门建立激光二极管的SPICE模型，而不是简单地用发光二极管来代替它。TINA-SPICE软件中未提供光功率计，为了像处理电信号一样方便地处理光信号（光功率），光信号必须利用电路变量（电流或电压）来表示。因此，我们需要在DFB-LD的宏模型中外扩出两个虚拟光端口，以输出与上述电路变量相关的光信号。这些光学端口和电极构成了DFB-LD的四端口模型（见图4.4）。

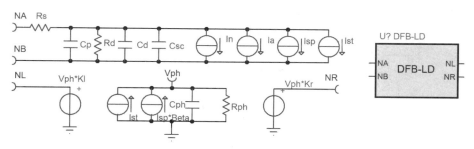

图4.4　DFB-LD的内部等效电路（左）和子电路符号（右）

需要强调的是，等效电路（左）仅用于帮助直观理解激光器的电气和光学电路，而通过导入SPICE模型文件（见附录）生成的子电路符号（右）真正用于仿真。表4.1总结并解释了DFB-LD等效电路中出现的代表性电气符号、SPICE模型文件包含参数和功能的定义，以及单位和各种运算符。

表4.1　DFB-LD等效电路中的电气符号汇总

Symbols	Description
Rs	串联寄生电阻器
Cp	并联寄生电容器

Rd	寄生漏电阻器
Rph	构造的阻值为 k_T/q_2 电阻器（k 是玻尔兹曼常数，T 是温度，q 是电荷）
Cd	扩散电容
Csc	空间电荷电容器
Kl	从光学谐振器的左端面发射的光功率与光子密度比率
Kr	从光学谐振器的右端面发射的光功率与光子密度比率
Beta	自发发射系数
NA	激光电学端口的正极
NB	激光电学端口的负极
NL	光学谐振器左端面上的虚拟端口
NR	光学谐振器右端面上的虚拟端口

图4.5所示的测试电路用于验证DFB–LD的宏观模型。IS1的扫描范围设置为0至100mA，其精度为0.1mA，产生1000个采样点。在这里，光功率是通过电压表测量的，这理只是一个纯粹数学意义上的等效处理。通过测量获得的电压和激光模型的光功率仅在数值上相等，并且它们的单位不同。

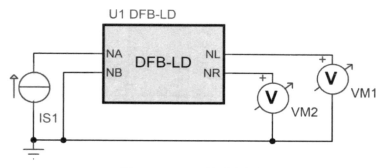

图4.5　DFB-LD的测试电路

用于激光驱动的浮动接地型电流源如图4.6所示。为了使模拟更真实，引入了构建的DFB–LD宏模型。500Ω电阻器（R1）连接到运算放大器U1的输出，以限制流入T1基极的最大电流。提供给激光二极管的电流由1欧姆阻值的Z–Foil电阻器（Rs）采样，并由运算放大器U2放大。电阻器R4的添加是为了平衡U2的非反相和反相端子的输入电阻。U2的输出被反馈给U1，并与DAC2的预设电压（Vref）进行比较。比较的结果导致T1的内部电阻被自动调节，从而闭合负反馈回路。从T1的发射极输出的电流Is被Vref线性调节，得到如下表达式：

$$I_s = \frac{V_s}{R_s} = \frac{V_{ref} R_3}{R_s (R_2 + R_3)} \tag{4.3}$$

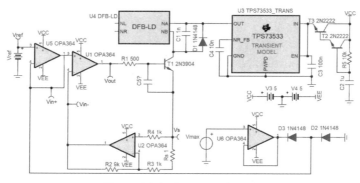

图4.6 浮地型DFB-LD电流源

反向浪涌、电流尖峰和快速启动电流对激光器有害，因此应当避免。当激光电源关闭时，会产生瞬时反向浪涌。反向偏置高速开关二极管（D1）与激光器模块并联连接，以防止反向浪涌流入激光器的阴极。电容器C1可以吸收大量的电流尖峰，这些电流尖峰主要是由电源波动引起的。连接到U1的非反相输入端的二极管（D2和D3）用作电流限制器。以此方式，预设电压的下限和上限阈值分别被箝位在0V和DAC1的输出（Vmax）之间。通过电阻器（R5）对电容器（C2）充电来实现激光驱动器的软启动。同时，达林顿对管（T2和T3）逐级导通，其发射极电压平稳上升，直到达到稳定值。电压调节器U3（TPS73533）将T3的发射极电压转换为3.3V DC输出，最大电流为500mA。虽然增加反馈回路的反馈系数可以提高电路的稳定性、增加输入阻抗、降低输出阻抗并扩展通带，但存在自激振荡的隐患。为了减少自振荡的可能性，电容器C5连接在T1的基极和发射极之间，以实现环路补偿。运算放大器电路的输出与其输入的比率可以表示为

$$V_{out} / V_{in} = V_{out} / (V_{in}^+ - V_{in}^-)$$
$$= Aol / (1 + Aol \cdot \beta) \tag{4.4}$$
$$= Aol / (1 + Aol / \beta 1)$$

其中Vout表示运算放大器的输出，Vin表示输入，Aol是开环增益，β是反馈因子，$\beta 1$是β的倒数。从式（4.4）可以看出，Aol与$\beta 1$的比值是电路稳定性的重要标准。当Aol和$\beta 1$的振幅相等且相位相反时，等式（2）的分母变为零，这表明

将发生自激振荡。电路的一阶零（极）点将导致幅频特性曲线以20dB/10的斜率上升（下降）。通过观察Aol和β1的幅频曲线的闭合率，即它们相互交叉时的斜率，可以方便地分析环路稳定性。鉴于此，图4.6所示的电路在图4.7中进行了轻微修改和重新绘制。

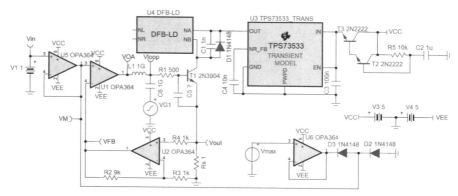

图4.7 用于分析回路稳定性的电流源的变形电路

与图4.6相比，在变形电路中添加了1GF电容器（C6）、1GH电感（L1）和1V振幅的交流电压源（VG1），用于在断开反馈回路的同时保持直流工作点。由于添加了DC电压源V1，晶体管T1在其实际工作点附近被偏置，从而确保了正确的AC分析。通过测量特定节点的电压并使用TINA–SPICE以执行后处理，可以获得Aol和β 1的幅频特性，并表示为

$$Aol = VOA/(VFB - VM)$$

（4.5）

$$\beta 1 = Vloop/VFB$$

（4.6）

基于emWin设计了一个图形用户界面。RGB–LCD中嵌入的触摸面板控制器（TSC2046）可通过触摸屏幕方便地实现电流设置。图4.8中用户界面的左上面板显示了可用的电流波形，面板下方的两个彩色滑块用于方便地调整直流偏压和电流幅度。可以单击部署在左下方的三个按钮来选择要设置的电流类型。传统上，正弦波或方波用于波长调制，而斜坡用于波长扫描。为了加以区分，被单击的按钮将以与其他两个不同的颜色显示。输出信号的频率由右侧的键盘设置，并显示在其上方的文本框中。设置完成后，按下键盘上的"输出"按钮即可启动STM32H743的DAC。此时，将产生调制电流、扫描电流和直流偏压的合成波形。左上角的齿轮负责屏幕截图。振幅和DC偏置被表示为范围0到4095（12位分辨率）的DAC值。

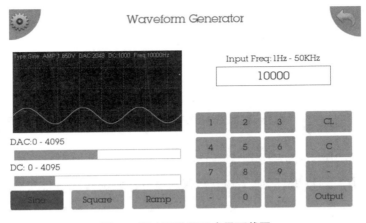

图4.8 激光驱动器用户界面截图

4.1.2 检测理论

根据比尔–郎伯定律，光经过均匀气体媒质传输时会因吸收而导致强度衰减。透射光强I_t和入射光强I_o之间满足如下关系：

$$I_t = I_o \times \exp[-S(T)g(v)NL] \tag{4.7}$$

式（4.7）中的$S(T)$是温度为T时的吸收线强，N为分子数密度，L是吸收路径长度，$g(v)$是以激光器瞬时波长v为自变量的线形函数。在室温和大气压力下，可以采用洛伦兹函数$gL(v)$对$g(v)$进行简化：

$$g_L(v) = \frac{1}{\pi \Delta v_L} \times \frac{1}{1 + \left(\dfrac{v - v_o}{\Delta v_L}\right)^2} \tag{4.8}$$

式（4.8）中的v_0和ΔvL分别代表吸收谱线的中心波长和半宽度。采用低频三角波信号对激光器输出波长的均值v_a进行调谐，使其在气体吸收峰附近往复移动。在调谐的同时，利用高频正弦波以频率f_c，调制系数k对v_a进行调制，则激光器瞬时输出波长为：

$$v(t) = v_a + k\Delta v_L \cos(2\pi f_c t) \tag{4.9}$$

伴随着波长的调制，激光器的输出光强也受到了调制，其瞬时值可以表示为

$$I_o(t) = I_a[1 + \xi_1 \cos(2\pi f_c t + \alpha) + \xi_2 \cos(4\pi f_c t + \beta)] \tag{4.10}$$

式（4.10）中的I_a是对应于波长v_a的光强，ξ_1与ξ_2分别表示线性与非线性光强度调制系数的归一化值，它们的相位记为α与β。采样通道与参比通道输出的电信号分别为$i_s(t)$与$i_r(t)$：

$$i_s(t) = K_s I_o(t) \exp[-S(T)g_L(v)NL],$$
$$i_r(t) = K_r I_o(t). \tag{4.11}$$

式（4.11）中的K_s与K_r分别代表采样通道和参比通道的增益，该增益包括分束比、光透过率、探测器响应度和电路放大倍数。分别对这两路信号执行对数变换，经过减法运算而得到的信号差值为：

$$i_d(t) = \ln[i_r(t)] - \ln[i_s(t)] = \ln\frac{K_r}{K_s} + S(T)g_L(v)NL \tag{4.12}$$

激光输出波长的调制使$g_L(v)$变为$2\pi f_c t$的周期性偶函数，并且可以展开为傅里叶级数：

$$g_L[v(t)] = g_L[v_a + k\Delta v_L \cos(2\pi f_c t)]$$
$$= \sum_{m=0}^{\infty} C_m(v_a, k, \Delta v_L)\cos(2m\pi f_c t) \tag{4.13}$$

式（4.13）中的$Cm(v_a, k, \Delta vL)$是阶数为m的谐波信号的傅里叶系数，它可以通过以下公式计算：

$$C_0(v_a, k, \Delta v_L) = \frac{1}{2\pi}\int_{-\pi}^{+\pi} g_L(v_a + k\Delta v_L \cos\theta)\mathrm{d}\theta,$$
$$C_m(v_a, k, \Delta v_L) = \frac{1}{\pi}\int_{-\pi}^{+\pi} g_L(v_a + k\Delta v_L \cos\theta)\cos(m\theta)\mathrm{d}\theta. \tag{4.14}$$

根据式（4.14），对NH_3的$P(6)$吸收谱线傅里叶级数的二次项系数，即C_2进行了matlab仿真。仿真过程中设定的NH_3浓度为1%、总压强为1.01×10^5 Pa、气体环境温度为296 K。从图4.9给出的结果来看，C_2的曲线关于吸收谱线的中心波长v_o偶对称。当激光器输出波长的均值v_a与v_o重叠时，C_2达到峰值C_{2p}。在改变k取值而保持其他条件不变的情况下，C_{2p}亦随之变化。由已经发表的研究成果可知，当k=2.2时，C_{2p}取得最大值。

锁相放大器内部产生的一对频率为$2f_c$、幅值为A_m、相位为γ的正交信号，分别与式（4.12）中的差值信号$i_d(t)$相乘后，得到二次谐波信号的同相分量与正交分量：

$$I_2(t) = \ln(K_r / K_s) A_m \cos(4\pi f_c t + \gamma)$$
$$+ S(T) N L A_m \cos(4\pi f_c t + \gamma) \sum_{m=0}^{\infty} C_m(v_a, k, \Delta v_L) \cos(2m\pi f_c t),$$
$$Q_2(t) = \ln(K_r / K_s) A_m \sin(4\pi f_c t + \gamma) \qquad (4.15)$$
$$+ S(T) N L A_m \sin(4\pi f_c t + \gamma) \sum_{m=0}^{\infty} C_m(v_a, k, \Delta v_L) \cos(2m\pi f_c t).$$

经过锁相放大器中的低通滤波环节后，剩余直流为：

$$I_2 = S(T) N L A_m C_2(v_a, k, \Delta v) \cos(\gamma),$$
$$Q_2 = S(T) N L A_m C_2(v_a, k, \Delta v) \sin(\gamma). \qquad (4.16)$$

计算I_2与Q_2的平方根而得到的二次谐波信号绝对值R_2与参考信号的相位γ无关，其表达式为：

$$R_2 = \sqrt{I_2^2 + Q_2^2} = S(T) N L A_m \mid C_2(v_a, k, \Delta v_L) \mid \qquad (4.17)$$

由式（11）可见，对数变换—波长调制光谱的二次谐波信号R_2与采样通道增益K_s、参比通道增益K_r无关，其峰值R_{2p}的位置与吸收谱线傅里叶级数的二次项系数C_{2p}相对应，且正比于气体分子数密度N。

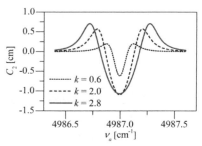

图4.9　在296K、1.01×10^5 Pa条件下，对1%浓度NH₃（N₂稀释）的P(6)吸收谱线的二次项傅里叶系数进行仿真得到的结果

4.1.3　实验结果与讨论

4.1.3.1　常规的二次谐波检测

在进行常规二次谐波（WMS–2f）检测时，图4.1中的参比光路和自制的接收机被禁止，从探测器D1输出的电信号直接被送入锁相放大器中以频率$2f_c$进行解

调。将NH_3浓度固定为1%，调制系数k分别设定为0.6、2.0和2.8时，测得WMS–2f的同相分量X_2如图4.10所示。通过观察可见，当调制系数较小时，强度调制效应不明显，X_2与图4.2中的C_2极性相反，波形相似，都表现出单峰与偶对称特性。随着调制系数的增加，强度调制效应不断增强，X_2波形的基线不再为0，两侧翼线幅度变大且不对称。当k增加到一定程度时，X_2因旁瓣幅度的增加最终失去了原有的单峰特性。此外，X_2峰值并非随调制系数的增加而单调递增。尽管最佳调制系数的理论值为$k=2.2$，但由于光强度调制效应的干扰，其实际取值往往与此有出入。

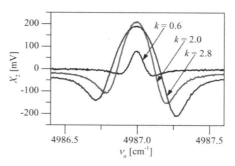

图4.10　在与前面仿真相同的条件下实测得到的二次谐波信号X_2的同相分量

图4.11给出了当无气体吸收时，测量得到的X_2的背景信号，即所谓的剩余幅度调制信号RAM，该信号源自于激光强度的非线性调制效应。由图4.11可见，RAM随调制系数的增加而单调递增。为了在避免探测器输出饱和的前提下，尽可能提高检测信噪比，必须降低剩余幅度调制信号同时增大X_2的峰值。然而，分析图4.10和图4.11中的信号随调制系数k的变化趋势可知，同时兼顾以上两个目标存在难度。

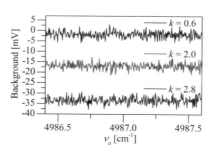

图4.11　在无气体吸收时测得的背景信号

利用一次谐波信号，即WMS–1f对WMS–2f进行归一化处理，可以使气体浓度的检测结果独立于激光强度、光电转换效率及电路增益等硬件因素。以调制系数k为参数，NH_3浓度x_{NH_3}为自变量，对谐波比值信号，即WMS–2f/1f进行了检测，其峰值及非线性拟合曲线如图4.12所示。由图可见，WMS-2f/1f的峰值随NH$_3$浓度单调递增。当气体浓度较小时，这种增加近似线性。随着气体浓度的增加，这种增加呈非线性趋势，而且变化率逐渐变小。这意味着利用WMS-2f/1f检测气体浓度时，系统的检测分辨率将随气体浓度增加而逐渐降低。

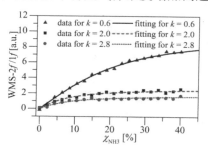

图4.12 在不同的调制系数下，WMS-2f/1f峰值与气体浓度的映射关系

4.1.3.2 利用对数变换改进后的二次谐波检测

图4.13给出了将参比光路和自制的接收机接入检测系统后，对0.2%、0.5%和1%浓度的NH$_3$样本进行测量而获得的WMS-2f信号，在此称之为Log-WMS-2f。因为实验中采集的是Log-WMS-2f的绝对值，所以图4.13中所见到的二次项傅里叶系数C_2的负峰在这里变为了正峰。由图4.13可见，波形无畸变现象，具有良好的单峰性而且翼线对称。此外，图4.13中信号的基线为零，这表明改进后的Log-WMS-2f检测消除了剩余幅度调制效应。波形畸变现象和剩余幅度调制现象的消除带来了以下两方面的优势：一方面，因为最大化的谐波峰值和最大化的傅里叶级数二次项系数所对应的调制系数k相同，均等于2.2，所以不需要再利用光干涉法来标定k值，使谐波峰值到气体浓度的回归分析过程变得容易；另一方面，背景信号的消除规避了强背景下探测器饱和输出的风险，改善了检测的灵敏度和动态范围。

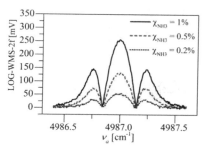

图4.13 采用对数变换和差分检测后，对0.2%、0.5%和1%浓度的NH$_3$样本

进行谐波检测而获得的Log-WMS-2f信号

在调制系数k=2.2时，测得的Log-WMS-2f信号峰值R_{2p}与NH$_3$浓度x_{NH3}的关系

如图4.14所示。与图4.13相比，R_{2p}随x_{NH3}线性递增而不受光学深度的制约。换言之，该方法的分辨率在整个检测动态范围内是固定不变、不受浓度影响的。利用9个采样点进行线性拟合，得到的回归方程为$y=0.2573x$，回归系数$R=0.9954$。将无气体吸收条件下测得的R_{2p}背景信号代入回归方程，得到的理论检测下限为0.7 ppm。

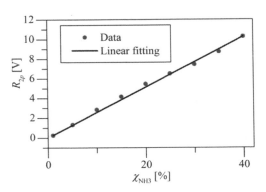

图4.14　Log-WMS-2f信号的峰值与NH$_3$浓度的函数关系

4.1.4　小结

本文将波长调制光谱、对数变换及差分检测方法相结合，在24.5 cm的有效吸收路径长度、296 K的环境温度和1.01×10^5 Pa的总压强条件下，对气体浓度进行了测量，得到了0.7 ppm的理论检测下限。这种复合型的策略消除了剩余幅度调制效应和谐波波形畸变现象对检测结果造成的影响，简化了波长调制系数最优值的设定与确认过程，并且提高了检测灵敏度、扩大了测量的动态范围。与利用一次谐波对二次谐波进行归一化处理的WMS-2f/1f检测方法相比，Log-WMS-2f的数学模型与激光器强度调制参数无关，且峰值正比于气体浓度，有利于后续的信号处理过程。需要特别指出的是，尽管本文也采用了双通道结构，但实际的检测结果与两条通道增益的差异无关，因此对双光路的平衡性要求不高，易于实现。

4.2　平衡式光电探测器在痕量气体检测中的应用

4.2.1　实验系统

实验系统结构如图4.15所示。待测氨气与氮气混合物被充入有效光程为15.4 cm的不锈钢气室。电容式压力计实时监测气室的压力，而质量流量控制器（图中未标注）负责将该值稳定在1.01×10^5 Pa。在每次测量间隔，对气室进行氮洗和排空处理。将三个K型热电偶部署在气室轴线上的两侧与中间位置以检测气体样本温度，采用PID算法将该温度值控制在296 K附近。作为光源的DFB–LD固有波长为2.005 μm，它与负温度系数热敏电阻和热电制冷器一同被紧凑地封装在14引脚双列直插式管壳内。采用激光器驱动电源与温度控制器相互配合的方式实现对激射波长的精细调节，使其尽量接近目标吸收谱线的峰位置。

分布于4986.5 cm^{-1}到4987.5 cm^{-1}波数范围的若干氨气吸收跃迁被锯齿状激光驱动电流以1KHz的频率往复扫描。为避免激光反射现象可能对光源造成的损伤，在气室与光源之间加入光隔离器。激光器发出的光在气室中以直射方式传播，因吸收而发生能量衰减后，被光纤耦合到光分束器上。从气室到探测器的传输途中，分离得到的两路光束中的一束的传输距离被光纤延迟线所延长，到达探测器后与另外一路相减，二者差值被跨导放大并产生电压信号。此信号被16位数据采集卡转化为数字量，用于标定气体浓度。气室与探测器间插入的可变光衰减器消除了光束分离时的能量不均衡和延迟线传输损耗对检测的影响。

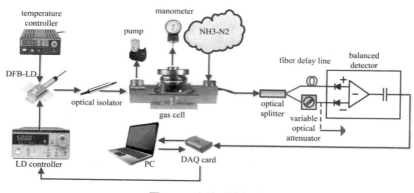

图4.15 实验系统框图

4.2.2 延迟差分检测的原理

延迟差分检测的基本思路是利用异步双光路结构和与之配合的平衡放大式光电探测器代替传统的波长调制光谱和谐波检测技术，产生WMS–1f的等价信号，实现气体的量化分析。穿过气体样本的激光束被分为主光路和参考光路，而参考光路上的光纤延迟线推迟了该路光束到达平衡式光电探测器的时间，使两路信号的瞬时响应波长产生了固定的差值。平衡放大式光电探测器由两个相互匹配的光敏二极管和一个超低噪声跨导运算放大器构成。两路因气体吸收而发生衰减的异步光强信号照射到光敏二极管上并完成光强——电流转换后，被跨导运算放大器差动放大，产生了正比于吸收光谱一阶导数的输出电压，此电压即为WMS-1f的等价信号。由于未对激光器注入电流进行主动调制，因而消除了困扰着WMS-1f检测的RAM信号。但是，光分束器设计的不平衡性（分离出的光束强度不相等）以及光在光纤延迟线上的传输损耗引入了一个新的直流偏置信号，调节主光路上的可变光衰减器可以使该偏置信号最小化。为了描述激光光源波长调谐的程度，这里我们仿照WMS中的波长调制系数，引入调谐系数这一概念。当这种波长调谐被限定在较小范围内时，波长变化与驱动电流变化呈现线性趋势，此时调谐系数m的表达式如下：

$$m = \left(\Delta v_{\text{sweep}}\tau\right)\big/\left(\Delta v_{\text{gas}}T_0\right) \tag{4.18}$$

在式（4.18）中，Δv_{sweep}和Δv_{gas}分别代表了激光波长调谐范围和待测气体目标吸收谱线的半峰全宽（FWHM），τ代表两路光信号在气室与探测器之间传输时间的差值，T_0是波长扫描的周期。理论上，我们可以通过改变光纤延迟线长度的方式来设定任意的m值，但实际中过大的m会导致波长扫描过程非线性化。另一方面，设定的m过小会衰减光电探测器的输出信号幅度，使检测灵敏度降低。

G. Stewart在对WMS的研究中指出，当激光器波长与气体吸收峰的相对偏差$\Delta = \pm\left(\sqrt{3m^2+4}-1\right)\big/\sqrt{3}$时，WMS傅氏级数的一次项系数取得正最大值和负最小值。以此为依据，我们利用Matlab软件模拟了一次项系数正最大值与波长调制系数m之间的关系曲线，将m的范围设定为0~10，每次步进0.01。图4.16的结果表明，当调制系数m为0.55时，傅立叶级数一次项系数取得最值。在实际操作过程中，我们在仿真结果基础上，根据实验效果对m进行了微调。

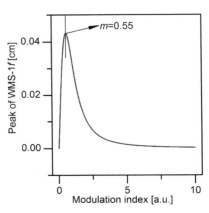

图4.16　WMS傅立叶级数一次项系数的最大值与调制系数的关系

4.2.3　实验结果与讨论

在检测气体样本前，先将平衡放大式光电探测器的反相输入端接地，排空气室并充入氮气，记录激光器的发射光谱。然后，将平衡放大式光电探测器的反相输入端与可变光衰减器连接，在气室中充入待测混合气体。精细调节可变光衰减器，以此削弱光分束器设计的不平衡性（分离出的光束强度不相等）以及光在光纤延迟线上的传输损耗对检测结果的影响。使用图1所示传感器对不同浓度的氨氮混合气体进行了测量。在图4.17中，以浓度为1%，2%和5%的氨气样本为例，给出了代表性测量结果。通过观察可以发现，平衡放大式光电探测器输出的信号与WMS-1f形状相似。但是，在图4.17中没有发现常见于WMS-1f信号中的RAM和波形畸变（反映为线翼的不对称现象）。

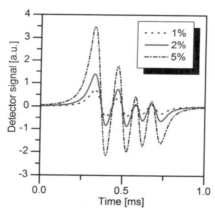

图4.17　探测器输出信号与时间的关系（原始数据已被激光发射谱归一化）

在调谐系数m=0.56时，以NH_3浓度为自变量，测量了平衡放大式光电探测器输出信号的峰值R_{peak}。由图4.18给出的结果可见，R_{peak}与气体浓度（500 ppm、0.1%、0.2%、0.5%、1%、2%和5%）具有高度线性相关性。通过回归分析对这种线性关系进行检验，得到的拟合曲线与数据相关系数R=0.9988，表达式为：

$$y = 0.69691x + 0.0054. \tag{4.19}$$

式（4.19）中，y代表检测信号峰值，x代表气体浓度。

气体传感器的灵敏度可以理解为SNR降低至1时，该传感器所能分辨的待测气体浓度。然而通过实际测量来准确地获得该灵敏度值并不现实，一方面原因是痕量气体配气时相对误差较大；另一方面，在有限的测量次数内难以令信号强度恰好等于噪声。为解决上述问题，我们采用较高浓度气体样本测量时产生的

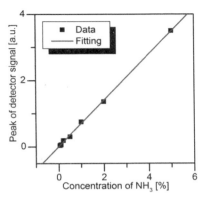

图4.18　平衡式光电探测器的输出信号与NH$_3$浓度的关系

SNR作为参考，推导了理论灵敏度。图4.19中检测500 ppm氨气时输出的信号峰值为0.036，而利用Voigt光谱吸收线形对实验数据进行非线性拟合得到的标准差（1σ）为4.60×10^{-4}，二者相除产生的SNR等于78，推导得出的检测灵敏度理论值为6.4 ppm。

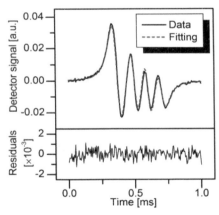

图4.5　平衡式光电探测器的输出信号与NH$_3$浓度的关系

4.2.4　小结

本文提出了一种原理简单、性能稳定且无本底干扰的气体传感器。该传感器在可调谐二极管激光吸收光谱技术的基础上，引入了异步双光路结构和平衡放大式光电探测器，而探测器的输出信号等价于波长调制光谱中的一次谐波。在14.5 cm的有效吸收路径长度、296 K的环境温度和1.01×10^5 Pa的总压强条件下，对氨气–氮气混合物中的氨气进行了浓度测量实验。实验结果表明，探测器输出的差分信号正比于气体浓度值。假设探测器输出信号峰值强度衰减到与噪声相等，推导得出的理论检测下限为6.4 ppm。与波长调制光谱技术中的一次谐波检测相比，本文提出的方法不需要主动调制激光器注入电流，因而避免了RAM对结果的影响。虽然没有通过选频放大等方式对1/f噪声进行抑制，但是由于消除了RAM信号，因此可以设置更高的光电检测增益来充分放大弱吸收信号，以此补偿系统的SNR。此外，本方法使用的平衡放大式光电探测器与波长调制光谱法中的锁相放大器相比，成本更低，可操作性更好。需要特别注意的一点是，此次提出的双光路结构的光束分离过程在光经过气体样本吸收后被执行，即在主光路和参考光路上传输的光电流信号来自同一个气室，并且被高度匹配的两个光敏二极管接收，再被差动放大，这在很大程度上抑制了共模噪声。

参考文献

[1] 白永厚, 徐建峰, 郭春, 等. 高原环境隧道施工内燃机功率调整与燃油成本分析[J]. 现代隧道技术, 2020(0z1): 057.

[2] 陈清明, 程祖海, 朱海红. 脉冲激光在水中激发声脉冲的光声能量转换效率[J]. 中国激光, 2007, 34(3): 4.

[3] 倪锐添. 自制燃烧装置在初中化学实验教学中的应用[J]. 实验教学与仪器, 2022, 39(4): 2.

[4] 潘余, 王振国, 刘卫东. 超燃冲压发动机燃烧效率测量方法简介[J]. 实验流体力学, 2007, 21(002): 68–73.

[5] 毛宗源, 狄玎. 自调整比例因子Fuzzy控制器控制工业锅炉燃烧过程[J]. 自动化学报, 1991, 17(5): 5.

[6] 司菁菁, 付庚宸, 程银波, 等. 基于层次化离散与残差网络的可调谐二极管激光吸收光谱层析成像[J]. 电子与信息学报, 2022, 44(7): 8.

[7] 康中尉, 罗飞路, 陈棣湘. 利用正交型锁相放大器实现三维磁场微弱信号检测[J]. 传感器技术, 2004, 23(012): 69–72.

[8] 刘霜, 李汉钊, 刘路, 等. 激光器频率噪声功率谱密度测试技术及在谐振式光纤陀螺中的应用[J]. 光学学报, 2021, 41(13): 6.

[9] 何俊, 徐可欣, 刘蓉, 等. 近红外漫反射光程对葡萄糖浓度检测灵敏度的影响[J]. 红外与激光工程, 2016, 45(B05): 6.

[10] 毕志毅, 丁晶新, 郑文强, 等. 用频率调制光谱技术研制微型Nd: YVO4稳频激光器[J]. 科学通报, 2000, 45(22): 4.

[11] 蔡学森, 戴金波. 波长调制光谱理论研究[J]. 国外电子测量技术, 2009(6): 3.

[12] Bomse D S, Stanton A C, Silver J A. Frequency modulation and wavelength modulation spectroscopies: comparison of experimental methods using a lead–salt diode

laser[J]. Applied optics, 1992, 31(6): 718–731.

[13] 朱雁军, 樊孝华, 高潮, 等. 基于可调谐激光吸收光谱技术的免校准硫化氢气体传感器[J]. 激光杂志, 2017, 38(5): 5.

[14] 丛梦龙, 孙丹丹, 王一丁. 对数变换–波长调制光谱在气体检测中的应用[J]. 红外与激光工程, 2017, 46(2): 223001–0223001(6).

[15] 张涛, 李永刚, 魏莹莹. 基于WMS技术的机动车尾气CO和CO_2同时监测[J]. 绿色科技, 2019(14): 4.

[16] 丛梦龙, 王一丁. 平衡式探测器在吸收光谱导数检测中的应用[J]. 传感技术学报, 2018, 31(9): 5.

[17] 范夏雷, 金尚忠, 张枢, 等. 多频率合成主动抑制激光稳频的剩余幅度调制[J]. 中国激光, 2016, 43(4): 6.

[18] 周世勋. 量子力学教程[M]. 人民教育出版社, 1979.

[19] 方允. 波动力学的建立与类比方法[J]. 韶关学院学报, 1987(2): 72–76.

[20] 秦乐, 顾圣佳, 陈炽华, et al. 基于双层探测器光谱CT的冠状动脉支架最佳单能级图像研究[J]. 中华放射学杂志, 2020, 54(6): 6.

[21] 徐浦. 用共振群方法计算~7Be的~3He–~4He集团态的E2, M1跃迁[J]. 南京理工大学学报(自然科学版), 1991(04): 7–12.

[22] 陆金男. 量子光学中爱因斯坦系数的经典描述[J]. 淮海工学院学报: 自然科学版, 2003, 12(2): 3.

[23] 孙琼阁. 洛仑兹光束的物理性质[D]. 哈尔滨工业大学, 2007.

[24] 刘铭晖, 董作人, 辛国锋, 等. 基于Voigt函数拟合的拉曼光谱谱峰判别方法[J]. 中国激光, 2017, 44(5): 6.

[25] 段宜武, 鲍诚光. 少体束缚态的低能态和简谐振子混合基矢展开方法[J]. 高能物理与核物理, 1991, 15(1): 4.

[26] 古根亥姆. 波尔兹曼分布律[M]. 高等教育出版社, 1960.

[27] 穆壮壮, 赵强, 李晋, 等. 海水吸光度测量系统的搭建及误差来源分析[J]. 光学精密工程, 2021, 29(8): 1751.

[28] 王德, 李学千. 半导体激光器的最新进展及其应用现状[J]. 光学精密工程, 2001, 9(3): 279–283.

[29] Rothman L S, Barbe A, Benner D C, et al. The HITRAN molecular spectroscopic database: edition of 2000 including updates through 2001[J]. Journal of Quantitative

Spectroscopy & Radiative Transfer, 2003, 82(1–4): 5–44.

[30] 马维光, 尹王保, 黄涛, 等. 气体峰值吸收系数随压强变化关系的理论分析[J]. 光谱学与光谱分析, 2004, 24(002): 135–137.

[31] 涂兴华, 刘文清, 王铁栋, 等. 基于可调谐二极管激光吸收光谱学对二次谐波检测噪声分析研究[J]. 量子电子学报, 2006, 23(4): 5.

[32] 蔡学森, 戴金波. 波长调制光谱理论研究[J]. 国外电子测量技术, 2009(6): 3.

[33] 曲世敏, 王明, 李楠. 基于TDLAS-WMS的中红外痕量CH4检测仪[J]. 光谱学与光谱分析, 2016, 36(10): 5.

[34] 付丽, 党敬民, 苗春壮, 等. 室温连续中红外量子级联激光器驱动电源的研制[J]. 光子学报, 2015(012): 044.

[35] 王进旗, 赵勇, 刘锐, 等. 基于近红外光谱吸收的高精度原油低含水测量方法[J]. 压电与声光, 2006, 028(005): 514–516.

[36] Hinkley E D. HIGH–RESOLUTION INFRARED SPECTROSCOPY WITH A TUNABLE DIODE LASER[J]. Applied Physics Letters, 1970, 16(9): 351–354.

[37] Ku R T, Hinkley E D, Sample J O. Long–path monitoring of atmospheric carbon monoxide with a tunable diode laser system[J]. Applied Optics, 1975, 14(4): 854–61.

[38] Hinkley E D . Laser spectroscopic instrumentation and techniques: long–path monitoring by resonance absorption[J]. Optical and Quantum Electronics, 1976, 8(2): 155–167.

[39] Hanson R K, Kuntz P A, Kruger C H. High–resolution spectroscopy of combustion gases using a tunable ir diode laser[J]. Applied Optics, 1977, 16(8): 2045.

[40] 余西龙, 李飞, 陈立红, 等. 可调谐二极管激光吸收光谱诊断燃烧参数[C]// 中国空气动力学会近代高温气体动力学研讨会. 2008.

[41] 夏慧, 陈玖英, 刘文清, 等. 可调谐二极管激光光谱技术测量燃烧环境下H2O浓度的实验设计[J]. 大气与环境光学学报, 2007, 2(3): 4.

[42] 蔡廷栋, 高光珍, 王敏锐, 等. 高温高压下基于TDLAS的二氧化碳浓度测量方法研究[J]. 光谱学与光谱分析, 2014, 34(7): 5.

[43] 翟畅, 阎杰, 王晓牛, 等. 可调谐二极管激光吸收光谱技术的高温温度测量仪器的研究[J]. 光电工程, 2015(08): 90–94.

[44] Farooq A, Jeffries J B, Hanson R K. measurements of co2 concentration and temperature at high pressures using 1f –normalized wavelength modulation spectroscopy

with second harmonic detection near 2:7 μm[J]. Applied Optics, 2009, 48(35).

[45] Chao X, Jeffries J B, Hanson R K. Absorption sensor for CO in combustion gases using 2.3 m tunable diode lasers[J]. Measurement Science & Technology, 2012, 20(11): 115201−115209.

[46] Rieker G B, Jeffries J B, Hanson R K. Calibration−free wavelength−modulation spectroscopy for measurements of gas temperature and concentration in harsh environments[J]. Applied Optics, 2009, 48(29): 5546.

[47] 鲁一冰, 刘文清, 张玉钧, 等. 中红外激光吸收光谱CO检测系统软件设计[J]. 电子测量技术, 2018, 41(14): 6.

[48] 刘文清, 陈臻懿, 刘建国, 等. 环境监测领域中光谱学技术进展[J]. 光学学报, 2020, 40(5): 8.

[49] 阚瑞峰, 夏晖晖, 许振宇, 等. 激光吸收光谱流场诊断技术应用研究与进展[J]. 中国激光, 2018, 45(9): 16.

[50] 彭于权, 阚瑞峰, 许振宇, 等. 基于中红外吸收光谱技术的燃烧场CO浓度测量研究[J]. 中国激光, 2018, 45(9): 7.

[51] 丛梦龙, 李黎, 崔艳松, 等. 控制半导体激光器的高稳定度数字化驱动电源的设计[J]. 光学精密工程, 2010, 18(7): 1629−1636.

[52] Cong M L , Sun D D . Design of a gas sensor based on asynchronous double beam structure and balanced photodetector[J]. Infrared Physics & Technology, 2018, 93: 20−24.

[53] 孙丹丹, 丛梦龙. 模糊PID算法在炉温控制中的仿真研究[J]. 电子技术与软件工程, 2014(20): 156−158.

[54] 丛梦龙, 孙丹丹. Proteus软件在单片机实验教学改革中的研究探索[J]. 电子制作, 2014(7x): 136−137.

[55] 丛梦龙, 孙丹丹. 电阻网络对光电检测电路直流偏置的抑制作用[J]. 硅谷, 2014(8): 42−43.

[56] Menglong C, Shanshan Z, Yiding W. Design of a Laser Driver and Its Application in Gas Sensing [J]. Applied Sciences, 2022, 12: 5883.

[57] Cong M. Design of a laser temperature controller and its application in absorption spectral based gas sensing[J]. AOPC 2020: Optical Sensing and Imaging Technology, 2020, 11567.

附　录

* PSpice Model Editor – Version 17.2.0

*$

.SUBCKT DFB–LD NA NB NL NR

*　　Name of the Subcircuit: DFB–LD

*　　Name of the Ports: NA, NB, NL, NR

*　　　　　　NA, NB: Electrical Ports of the Device

*　　　　　　　　NA Positive electrode, NB Negative Electrode

*　　　　　　NL, NR: Virtual Ports for Light Emitting

*　　　　　　　　NL Left Port, NR Right Port

*model parameters BEGIN

** Different lasers can be simulated by modifying the following parameters **

.PARAM L=300UM

.PARAM W=1.5UM

.PARAM D=0.2UM

.PARAM GAM=1.20

.PARAM T=10ns

.PARAM BEATsp=5E–5

.PARAM ID=0

.PARAM G0=25000

.PARAM Ntr=1E24

.PARAM EPS=6E–23

.PARAM B=1E–16

.PARAM A=7.5E–41

.PARAM Rl=1E–8

.PARAM Rr=1E-8

.PARAM ALFA0=5000

.PARAM Q1=1.9998

.PARAM Q2=1.4391E-4

.PARAM LAMBDA=1.56UM

.PARAM Rat=1.2

.PARAM Ng=3.6

.PARAM N0=6.5E16

.PARAM Vbi=1.1

.PARAM EIT=2

.PARAM Rs=1E-5

.PARAM Cp=0pF

.PARAM Rd=1E15

.PARAM Csc0=0pF

*model parameters END

***** Modification of the following content is prohibited ******

*CONSTANTS

.PARAM ECHARGE=1.6021918E-19

.PARAM BOLTZMAN=1.3806226E-23

.PARAM EPS0=8.854214871E-12

.PARAM PI=3.1415926

.PARAM TWOPI={2.0*PI}

.PARAM PLANCK=6.626176E-34

.PARAM PLANCK2PI={PLANCK/TWOPI}

.PARAM TEMPR=300

.PARAM VT={BOLTZMAN*TEMPR/ECHARGE}

.PARAM LSPEED=2.99792458E8

*Convert m to um

.PARAM UL={L*1E6}

.PARAM UW={W*1E6}

.PARAM UD={D*1E6}

.PARAM UG0={G0*1E−6}

.PARAM UNtr={Ntr*1E−18}

.PARAM UEPS={EPS*1E18}

.PARAM UB={B*1E18}

.PARAM UA={A*1E36}

.PARAM UALFA0={ALFA0*1E−6}

.PARAM ULAMBDA={LAMBDA*1E6}

.PARAM UN0={N0*1E−18}

.PARAM UQ2={Q2*1E6}

.PARAM ULSPEED={LSPEED*1E6}

.PARAM Vact={UL*UW*UD}

.PARAM Cg={ULSPEED/Ng}

.PARAM CPL={PLANCK*Cg*Vact*Rat*ULSPEED*(1−Rl)/ULAMBDA/UQ2*0.8}

.PARAM CPR={PLANCK*Cg*Vact*Rat*ULSPEED*(1−Rr)/ULAMBDA/UQ2*0.2}

.PARAM Tph={Ng/(ULSPEED*(UALFA0+Q1/UQ2))}

.PARAM QV={ECHARGE*Vact}

.PARAM Cph={QV}

.PARAM Rph={Tph/QV}

.PARAM Nal={IF(ID<1,UNtr*((1.0/Tph/(Cg*GAM*UG0))+1.0),UNtr*EXP(1.0/Tph/(Cg*GAM*UG0)))}

.PARAM Vl={EIT*VT*LOG(Nal/UN0)}

.FUNC N(V) {UN0*EXP(V/EIT/VT)−1.0}

.FUNC Cd(V) {QV*UN0*EXP(V/EIT/VT)/(EIT*VT)}

.FUNC Csc(V) {IF(V<Vbi,Csc0/SQRT(1.0−V/Vbi),Csc0/SQRT(0.1))}

.FUNC G1(V,S) {IF(ID<1,UG0*(N(V)/UNtr−1.0)/(1.0+UEPS*ABS(S)),UG0*LOG(N(V)/Ntr)/(1.0+UEPS*ABS(S)))}

.FUNC G(V,S) {IF(N(V)<UNtr,0.0,G1(V,S))}

.FUNC In(V) {QV*N(V)/T}

.FUNC Ia(V) {QV*UA*N(V)**3}

.FUNC Isp(V) {QV*UB*N(V)**2}

.FUNC Ist(V,S) {QV*Cg*GAM*G(V,S)*ABS(S)}

* Circuit description of the electrical part

RRS NA NA1 {Rs}

RRd NA1 NB {Rd}

CCp NA1 NB {Cp}

*GCd NA1 NB VALUE={Cd(V(NA1)−V(NB))*DDT(V(NA1)−V(NB))}

*GCsc NA1 NB VALUE={Csc(V(NA1)−V(NB))*DDT(V(NA1)−V(NB))}

CCd NA1 NB {Cd(Vl)}

CCsc NA1 NB {Csc(Vl)}

GIn NA1 NB VALUE={In(V(NA1)−V(NB))}

GIa NA1 NB VALUE={Ia(V(NA1)−V(NB))}

GIsp NA1 NB VALUE={Isp(V(NA1)−V(NB))}

GIst NA1 NB VALUE={Ist(V(NA1)−V(NB),V(NS))}

* S circuit

GIsp1 0 NS VALUE={BEATsp*Isp(V(NA1)−V(NB))}

GIst1 0 NS VALUE={Ist(V(NA1)−V(NB),V(NS))}

CCph NS 0 {Cph}

RRph NS 0 {Rph}

* the optical output of the virtual port on the left

El NL 0 VALUE={CPL*V(NS)}

* the optical output of the virtual port on the right

Er NR 0 VALUE={CPR*V(NS)}

.ENDS

*$